LES CURIOSITÉS

DE LA NATURE

3ᵉ SÉRIE IN-12.

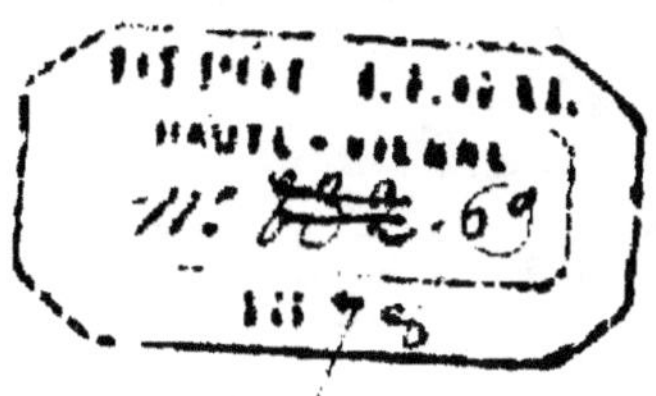

LES CURIOSITES

DE

LA NATURE.

PETITES ÉTUDES

SUR LA TERRE, LA MER ET LES ASTRES.

EXTRAIT DE BERQUIN.

LIMOGES

EUGENE ARDANT et Cie, ÉDITEURS.

LES CURIOSITÉS

DE LA NATURE.

I. — LA PRAIRIE.

Eh bien! mes petits amis, qu'en dites-vous? N'est-ce pas un endroit charmant? Quel air de fraîcheur on y respire! comme l'herbe en est épaisse et verdoyante! et de combien de jolies fleurs elle est émaillée!

Je n'ai pas besoin de vous dire quel est l'usage de cette herbe qu'on appelle ordinairement gazon : vous avez vu si souvent les vaches, les chevaux et les brebis s'en repaître! mais ils ne la mangent pas toute sur la prairie; on leur réserve certains quartiers pour le pâturage, et on les éloigne des autres aussitôt que l'herbe commence à grandir. Elle n'atteint sa parfaite maturité qu'au mois de juin, ce que l'on reconnaît par la couleur jaune qu'elle prend. Alors les faucheurs la coupent avec un instrument de fer recourbé qu'on nomme une faux; ensuite viennent des faneurs qui la tournent et la retournent avec des fourches de bois, en l'étalant sur la terre pour la faire sécher au soleil. Elle prend alors le nom de foin. Dès que le foin a perdu toute son humidité, et qu'il n'y

a plus de danger qu'il s'échauffe, on le ramasse
avec des râteaux, et on l'emporte sur des cha
riots dans la cour de la ferme, où il est entassé
en grands monceaux qu'on appelle meules.

C'est de ces meules énormes que l'on tire le
foin pour le lier en milliers de bottes, et le donner aux chevaux que l'on tient à l'écurie. Il sert
aussi dans l'hiver à nourrir les troupeaux ; car
alors il y a bien peu de gazon pour eux sur la
terre, et encore moins lorsqu'elle est couverte
de neige. Tout cela vient de petites graines
qui ne sont pas plus grosses que des têtes d'é-
pingles, et les graines sont venues des fleurs
que vous pouvez remarquer à présent à l'extrémité de la tige.

Dans une prairie où l'on fauche le foin, il se
détache toujours un grand nombre de graines
qui, l'année suivante, produisent le gazon ;
mais si l'on veut faire une prairie dans une pièce
de terre neuve, il faut recueillir les graines
pour les semer.

Ces jolies fleurs dont vous venez de faire un
bouquet, Charlotte, viennent également de
graines qui se trouvaient mêlées parmi celles du
foin. Voilà des boutons d'or, des coquelicots et
des marguerites de pré. Ces fleurs sont bonnes
pour les troupeaux, et servent à donner un
goût agréable au gazon. Il y en a même qui
sont médicinales, c'est-à-dire bonnes à compo-

ser des remèdes pour une infinité de maladies auxquelles nous sommes sujets.

Ne pensez-vous pas, Henri, que le gazon, dont la douce verdure embellit tant les campagnes, est en même temps une production bien utile! Je suis sûre que les pauvres troupeaux le diraient encore mieux que nous, s'ils étaien en état de parler. Ils n'ont pas de cuisiniers pour préparer leurs repas; ils ne peuvent pas même faire comprendre ce qui leur est nécessaire. Mais Dieu a su pourvoir à leurs besoins. Vous voyez que leur nourriture s'étend sous leurs pieds, et qu'ils n'ont qu'à se baisser pour la prendre. S'il en coûte à l'homme des soins légers pour la faire venir, c'est bien le moins qu'il donne quelques-uns de ses moments à ces utiles animaux, dont les uns lui épargnent tant de fatigues, et dont les autres le vêtissent de leur laine et le nourrissent de leur chair.

II. — LE CHAMP DE BLÉ.

Maintenant nous allons prendre congé de la prairie, et faire un tour dans le champ de blé. Il y en a de plusieurs espèces. Celui-ci est du froment. Je le reconnais à la hauteur de ses tiges. J'espère que nous en aurons une abondante récolte. Elle sera bonne à ramasser dans le mois d'août, qu'on appelle le mois des moissons. J'ai mis dans ma poche un épi de l'année

dernière, pour vous montrer tout ce que ceci
produira. Froissez-le dans vos mains, Henri.
Bon ; soufflez à présent les barbes, et donnez-
moi un des grains. Voilà ce qu'on appelle un
grain de froment. Vous voyez qu'il y a plusieurs
grains dans un épi ? Eh bien ! regardez maintenant le pied, vous verrez qu'il vient quelquefois
plusieurs tiges, et par conséquent plusieurs
épis d'une seule racine ; et cependant toute
cette racine provient d'un seul grain qu'on a
semé à la fin de l'automne.

Cette semence n'a pas été jetée au hasard, et
sans beaucoup de soins particuliers. On avait
commencé par ouvrir la terre en sillons, quelques mois auparavant, avec ce fer tranchant
que je vous ai fait remarquer au-dessous de la
charrue. Elle est restée en repos tout l'été, et
s'est bien pénétrée du fumier qu'on avait répandu sur les guérets pour l'engraisser ; puis on
l'a de nouveau labourée. Enfin, vers le milieu
de l'automne, un homme est venu dans chaque
sillon y répandre des grains, et tout de suite,
avec sa herse, il les a recouverts de terre. Ces
grains étant enflés et ramollis par l'humidité,
il en est sorti en bas de petites racines qui se
sont accrochées dans le sein de la terre, et par
en haut de petits tuyaux qui ont percé sa surface en plusieurs branches, de la manière que
vous pouvez le remarquer. Ces tuyaux montés
en haute tige ont produit les épis, dont chacun

renferme à peu près vingt grains; en sorte que si vous comptez, d'après ce calcul, tout le produit des grains dont la semence a réussi, vous trouverez qu'il peut en être venu environ vingt fois autant que l'on en a mis dans la terre. Les épis, cachés encore dans ces tiges, se développeront peu à peu, se mûriront au soleil, et ressembleront à celui que vous venez de froisser. Alors on coupera par le pied, avec une faucille, les tiges de paille qui les supportent, et on les liera en paquets appelés gerbes, pour les emporter dans la grange, les battre avec un fléau, et les vanner, pour séparer les débris de paille du grain. On enverra celui-ci au meunier pour le moudre en farine sous la grosse meule de son moulin à eau ou à vent. Ensuite la farine sera vendue au boulanger pour en faire du pain, et au pâtissier pour en faire des biscuits et des pâtés.

Imaginez, mes amis, quelle immense quantité de blé on doit semer tous les ans, pour fournir du pain à tant de milliers d'hommes! Le pain est l'aliment le plus sain et le moins cher qu'on puisse se procurer. Il y a beaucoup de pauvres gens qui n'ont guère d'autre nourriture, et qui n'en ont pas toujours.

Le blé ne viendrait pas, comme le foin, sans être ensemencé, parce que le grain en est plus gros, et doit être enfoncé plus profondément dans la terre. Je vous ai dit tout à l'heure les divers travaux que demandaient les semailles.

Voici une autre espèce de blé qu'on appelle de l'orge. Je vous en ai aussi apporté un épi, pour vous la faire distinguer du froment. Voyez-vous comme il a des barbes longues et fourrées? Gardez-vous bien, Henri de le mettre dans la bouche, car il s'arrêterait à votre gosier et vous étoufferait. L'orge est semée et recueillie de la même manière que le froment; mais elle ne fait pas de si bon pain. Elle est cependant fort utile. Les fermiers la vendent par boisseaux aux marchands de drêche, qui la font tremper dans l'eau pour la faire germer. Alors on la sèche sur de la cendre chaude, et elle devient drêche. On y verse une grande quantité d'eau, puis on y mêle du houblon, qui lui donne un goût agréable d'amertume, et l'empêche de s'aigrir. Enfin, en brassant ce mélange, on en fait de la bière, cette liqueur forte et nourrissante qui fait la boisson ordinaire dans plusieurs pays où il ne croît pas de vignes. L'orge est aussi fort bonne pour nourrir les dindes, les poules et d'autres oiseaux de basse-cour.

Je vous ai parlé du houblon. Il croît dans les champs qu'on appelle houblonnières. Sa tige monte le long des perches qu'on lui donne pour la soutenir. Ses fleurs, d'un jaune pâle, font un effet charmant dans la campagne. Quand il est mûr, on le sèche, on en fait des monceaux, et on le vend aux brasseurs.

Cette troisième espèce de blé est de l'avoine.

Vous avez vu souvent le palefrenier en servir aux chevaux pour les régaler et leur donner du feu. C'est une espèce de dessert qu'on leur présente après le foin.

Il y a aussi une autre espèce de blé qu'on nomme seigle, qui sert à faire le pain bis que mangent les pauvres. On le mêle quelquefois avec du froment, et il donne alors du pain d'un goût assez bon.

Il y a bien des pays qui ne produisent pas de blé pareil à celui qui vient dans nos contrées. Par exemple, le blé qu'on nous a apporté de Turquie est bien différent du nôtre. Sa tige est comme celle d'un roseau avec plusieurs nœuds. Elle monte à la hauteur de quatre ou cinq pieds. Entre les jointures du haut de sa tige sortent des épis de la grosseur de votre bras, qui renferment un grand nombre de graines jaunes ou rougeâtres, à peu près de la figure d'un pois aplati. La volaille en est très friande. On le cultive avec succès dans quelques provinces de France, surtout dans les landes de Bordeaux, où il sert à faire du pain pour les misérables habitants.

Vous connaissez aussi bien que moi le millet que l'on donne aux oiseaux. Il vient en forme de grappes, sur des tiges plus courtes et plus menues que celles du froment. La farine en est excellente cuite avec du lait.

Je vous ferais venir l'eau à la bouche si je
vous parlais du riz, que l'on prépare aussi avec
du lait. Mais croiriez-vous qu'il a besoin d'être
presque couvert d'eau pour croître et pour
mûrir ?

Dans les pays où la terre n'est pas propre à
produire du grain, les pauvres habitants sont
réduits à se nourrir de fruits, de racines, de
gâteaux de pommes de terre, d'une pâte de
marrons cuits au four. On est même quelquefois
obligé, dans les pays les plus fertiles, d'avoir
recours à ces tristes aliments, lorsqu'il survient
des années de stérilité. Deux bons citoyens,
MM. Parmentier et Cadet de Vaux, ont enseigné
la meilleure manière de les préparer.

Quelles grâces, mes enfants, nous devons
rendre à Dieu, nous qui n'avons jamais éprouvé
ces cruels besoins ! j'espère que vous serez
touchés de cette réflexion, et que vous vous
ferez un devoir de ne jamais gaspiller ce qui
ferait la joie de tant de malheureux. Les miet-
tes mêmes que vous laissez tomber, si elles
étaient ramassées, pourraient fournir un bon
repas à un petit oiseau, et le rendre joyeux
pour toute la journée. Comme il s'empresserait
de les partager entre ses petits, qui ouvrent
inutilement leurs becs, tandis que leurs parents volent au loin pour leur chercher quelque
nourriture ! J'étais bien fâchée hier au soir
contre vous, Henri, lorsque vous faisiez des

boulettes de pain pour les jeter à votre sœur.
J'ose croire que vous ne le ferez plus, mainte-
uant que je vous ai fait connaître le prix de ce
présent inestimable de Dieu. J'avais vu des
personnes qui avaient prodigalement gâté du
pain pendant leur enfance, pleurer dans un âge
avancé, faute d'en avoir un morceau.

III. — LA VIGNE

Vous avez bu quelquefois du vin de Champa-
gne et de Bourgogne, sans vous embarrasser
de la manière dont il se faisait. Entrons dans
ce vignoble. Eh bien! Henri, croiriez-vous jamais que c'est de ces petites souches tortues
que nous vient la douce liqueur qui nous fait
tant de plaisir dans nos repas? Vous connaissez le raisin? voyez déjà la grappe qui commence à se former. Ces grains, qui ne sont encore que du verjus, s'enfleront peu à peu, et
seront mûrs au commencement de l'automne.
Vous en verrez faire la récolte, qu'on appelle
vendange; mais je suis bien aise, en attendant,
de vous en donner une idée.

Dès le matin, les vendangeuses se répandent
dans la vigne, coupent le raisin, et en remplissent leurs paniers. Un homme vient les prendre
à mesure qu'ils sont pleins, et va les jeter dans
de larges demi-tonneaux, placés sur une char-
rette pour les recevoir, et les porter à un en—

droit où des hommes foulent les grappes sous leurs pieds. On recueille la liqueur qui découle du pressoir, et on la verse dans de grandes cuves ou de petits tonneaux, où elle se purifie d'elle-même en fermentant, jusqu'à ce qu'elle devienne bonne à boire.

Le temps des vendanges est un temps continuel de plaisirs et de fêtes. Il faut entendre, pendant le travail, les chansons rustiques des vendangeuses ! Il faut les voir, à la fin de la journée, danser gaîment dans la cour, et les maîtres se mêler souvent à leurs repas et à leurs danses ! tout y respire un air de joie et d'innocente liberté.

Le vin, pris avec modération, est très bon pour l'estomac, et le fortifie ; mais lorsqu'on en boit avec excès, il produit des vapeurs qui troublent la raison, et rabaissent l'homme au niveau de la brute stupide. Vous avez vu quelquefois des ivrognes, et vous vous souvenez encore de la juste horreur qu'ils vous ont inspirée.

IV. — LES LÉGUMES ET LES HERBAGES.

Voudriez-vous me suivre pour voir ce qui croît dans le champ voisin ? Je crois que ce sont des navets. En effet, je ne me suis pas trompée. Cette racine, lorsqu'elle est cuite avec du mouton, fait, comme vous le savez, d'excellents ragoûts. On en sème une grande quantité chaque année pour notre table ; on en donne aussi aux vaches pour ménager le foin, et parce que d'ailleurs elle leur fait porter une grande abondance de lait.

Les pommes de terre, les raves, les ognons, les radis, les carottes, les panais, et plusieurs autres légumes que vous connaissez à merveille, croissent, comme les navets, sous terre. D'autres, tels que les artichauts, les pois, les fèves, les lentilles et les haricots, croissent au-dessus. Vous en cultivez vous-mêmes dans votre petit jardin ; ainsi ce serait plutôt à moi de recevoir vos instructions sur ce chapitre.

Je crois aussi n'avoir rien à vous apprendre sur les herbages et les plantes qui viennent dans le potager, comme les choux, les choux-fleurs, les asperges, les laitues, la chicorée, les melons, les concombres, les citrouilles, et une infinité d'herbes agréables au goût, et très bonnes pour la santé. Tout cela se cultive sous vos yeux, et par les questions que je vous ai déjà entendu faire à Mathurin, je vous suppose complètement instruits sur cet article.

V. — LE CHANVRE ET LE LIN.

Voyez-vous là-bas ces deux grandes pièces de terre couvertes d'une si belle verdure ? L'une est du chanvre, l'autre est du lin. Les tiges de ces plantes, après qu'elles ont été battues et bien préparées, forment la filasse que vous avez vu filer à la vieille Suzon. Le fil de chanvre sert à faire le linge de corps et de ménage. Le fil de lin, qui est d'une plus belle qualité, se réserve pour la toile de batiste. On l'emploie aussi pour faire de la dentelle et du filet. Votre fourreau, Charlotte, votre chemise et vos manchettes, Henri, croissaient autrefois dans les champs.

J'oubliais de vous dire que la filasse de chanvre sert encore pour toute espèce de câbles, de cordes et de ficelles.

On a essayé, en quelques endroits, de tirer parti de ces vilaines orties qui piquent si bien les passants, et l'on en fait un fil grossier, mais très fort, qui pourrait servir à faire des toiles communes.

VII. — LE COTON.

Au défaut de ces plantes, on cultive le coton dans quelques îles de l'Amérique, et surtout dans les grandes-Indes. C'est d'abord un duvet léger qui entoure les graines d'un arbre appelé arbre à coton. Le fruit qui les renferme en plusieurs petites loges est à peu près de la grosseur d'une noix, et s'ouvre en mûrissant. Alors on le recueille, et le coton, séparé des graines et du fruit, devient, après quelques préparations, cette espèce de filasse douce et blanche dont vous m'avez vu mettre quelquefois de petits tampons dans mes oreilles et dans mon écrin. La partie la plus grossière se file en gros brins pour les mèches de nos lampes et de nos bougies. Le reste, filé en brins presque aussi déliés que vos cheveux, s'emploie pour la fabrique des basins, des mousselines et des toiles de coton.

Vous voyez, mes chers amis, quelle variété de matériaux nous a fournis la Providence, et comme le génie de l'homme a su les employer à des objets d'agrément ou d'utilité. L'écorce même des arbres, par un travail et une adresse incroyables, se convertit en étoffes précieuses sous les doigts de ces sauvages qui nous paraissent si ignorants. Je me souviens de vous avoir montré des ouvrages en plumes et en réseau dont ils se parent dans leurs fêtes, et comme nous avons admiré leur patience et la légèreté de leur travail.

VII. — LES HAIES.

Ne sentez-vous pas une odeur bien douce? Regardez à travers la haie, Henri, et voyez si vous pourrez découvrir ce qui la produit. Ah! Charlotte, quelles jolies roses sauvages votre frère vient de cueillir! Comment donc? un brin d'aubépine aussi! Ce brin est précieux! C'est peut-être le seul qu'on pourrait trouver, car tout le reste a passé fleur. Quel charme, au printemps, de respirer des parfums délicieux jusque sur les buissons et sur les ronces ! Ces plaisirs viennent de passer pour nous ; mais ceux des petits oiseaux vont commencer. Ils trouveront bientôt dans ces broussailles des fruits pour se nourrir jusqu'au milieu de l'hiver.

Le fermier plante des haies autour de son domaine pour empêcher les voyageurs et les animaux d'aller au travers de ses champs, où ils pourraient causer beaucoup de dommage. Elles lui servent aussi à distinguer sa terre de celle de son voisin. Les troupeaux y trouvent dans l'été un ombrage contre les ardeurs du midi, et dans l'hiver un abri contre le souffle glacé du nord.

VIII. — LES ARBRES DE HAUTE FUTAIE.

Le beau chêne que voilà, mes amis ! comme son ombrage s'étend à propos pour nous garantir des traits du soleil ! Voyez quel nombre infini de glands attachés à ses branches ! Vous savez bien quel est l'animal qui se régale de ce fruit ! Mais ne pensez pas que le chêne majestueux ne soit bon à autre chose qu'à lui fournir des provisions. Il est d'un plus grand usage pour nous, ainsi que je vous le dirai tout à l'heure. Mais laissez-moi d'abord contempler un moment cet arbre superbe ; je ne puis me rassasier de le voir. Avec quelle fierté sa tête s'élève dans les airs! Et sa tige! trois hommes, en se tenant par la main, ne sauraient l'embrasser. Il pousse chaque année des milliers de rameaux et des millions de feuilles. Il a de grandes racines qui s'enfoncent bien avant dans la terre, et qui s'étendent au loin autour de lui. Elles le soutiennent contre les violentes tempêtes que son front est obligé d'essuyer. C'est aussi par ses racines que la terre le nourrit, et entretient la fraîcheur et la vie dans tous ses membres énormes.

Eh bien! Henri, n'est-ce pas une chose bien admirable que ce grand arbre soit sorti d'une petite semence? Regardez, en voici un tout jeune. Il est si petit, Charlotte, que vous aurez la force de l'arracher vous-même. Tenez, voyez-vous? Voilà le gland encore attaché à sa racine. C'est pourtant ainsi que sont venus tous les arbres qui peuplent cette belle forêt que nous traversâmes l'autre jour dans notre voyage. Ce chêne seul, si tous ses glands avaient été recueillis chaque année, et plantés avec soin, aurait déjà pu suffire à couvrir de ses enfants et de ses petits-enfants la surface entière de la terre.

Lorsque le chêne ou les autres arbres qu'on appelle aussi de haute futaie, tels que le frêne, l'orme, le hêtre, le sapin, le châtaignier, le noyer, etc., seront parvenus au terme de leur croissance, un bûcheron viendra les couper par le pied avec sa cognée. On dépouillera le tronc de ses branches, et les scieurs le scieront en différents morceaux, pour en faire des madriers, propres à la construction des vaisseaux, des poutres pour les maisons, ou des planches pour les uns et les autres, ainsi que pour différentes sortes de meubles et de machines. Les grosses branches, les plus droites, seront réservées pour les solives; celles qui sont crochues, pour les bûches; les branchages, pour les fagots; enfin les racines donneront les souches que l'on brûle dans nos foyers. Vous voyez par là de quelle utilité les arbres sont pour nous dans toutes leurs parties. Le pauvre Henri les trouverait bien à dire, car les toupies, les sabots, les battoirs, sont tirés de leur sein. Il n'est pas même jusqu'à leur écorce dont on sait faire un usage utile pour les teintures, et pour tanner le cuir de vos souliers.

Un autre avantage de ces arbres, c'est qu'ils croissent d'eux-mêmes, sans demander aucun soin, et qu'ils nous donnent pour rien l'aspect de leur belle verdure et la fraîcheur de leur ombrage. Voyez comme les petits oiseaux se reposent en chantant sur leurs branches! combien ils doivent être contents, la nuit, de trouver un abri sous leurs feuilles! Nous-mêmes, si une pluie abondante venait à tomber, ne serions-nous pas bien heureux de nous y mettre à couvert? pourvu cependant qu'il n'y eût pas d'apparence d'orage; car dans les orages les arbres attirent quelquefois le tonnerre : ce qui rend alors leur approche très dangereuse.

Lorsqu'il y a plusieurs arbres rassemblés sur une vaste étendue de terrain, cet endroit s'appelle bois ou forêt. Si cet endroit est fermé de murailles et dépend d'un château, on l'appelle parc. Les bosquets ou bocages sont de petites forêts.

IX. — LES BOIS TAILLIS.

Ces mêmes arbres dont nous venons de parler, lorsqu'on les coupe avant qu'ils soient parvenus à leur hauteur naturelle, forment ce qu'on appelle un bois taillis. Ce sont ordinairement les rejetons qui poussent sur les vieilles racines dans une forêt que l'on vient d'abattre. On les coupe après cinq ou sept ans, les uns pour le chauffage, les autres pour servir d'échalas à la vigne, ou pour faire les cercles des cuves et des tonneaux. Cette récolte, qui peut se faire de cinq en cinq ans, s'appelle coupe réglée.

X. — LE VERGER.

Outre ces arbres, il en est d'autres nommés arbres fruitiers. Je parierais avec confiance que nous aurons plus de plaisir encore à nous en entretenir. Entrons dans le verger. Voilà les fruits qui grossissent. Ce serait vous faire injure que de vouloir vous les faire connaître. Si

petits que vous soyez, je pense que personne
au monde ne distingue mieux que vous les
poires, les pommes, les pêches, les cerises, les
prunes, les abricots et les brugnons. Les arbres étendus en éventail contre la muraille
s'appellent, comme vous savez, espaliers, et
les autres arbres à plein vent. Les premiers
rapportent plus sûrement, et de plus beaux
fruits, parce que, dans les gelées, on peut les
couvrir avec des nattes de paille, et que la muraille, échauffée par le soleil, avance leur maturité. Les seconds passent pour avoir leur
fruit d'un goût plus fin et plus délicat. Nous
aurons, j'espère, beaucoup de fruit cette année. Ne souhaiteriez-vous pas, Henri, qu'il fût
déjà mûr ? Patience ; il le sera bientôt, et vous
en mangerez tant qu'il vous plaira dans le
temps. Mais gardez-vous bien d'y toucher tant
qu'il est vert, car il vous rendrait malade peut-
être pour toute l'année.

Vous vous rappelez, mes chers amis, combien les arbres à fruit paraissaient beaux, il y
a trois semaines, lorsqu'ils étaient en pleine
fleur ? Les fleurs sont maintenant passées, et
les fruits croissent à la place. Ils deviendront
plus gros de jour en jour, jusqu'à ce que la
chaleur du soleil les colore et les mûrisse ; et
alors ils seront bons à cueillir.

Les pommes et les poires peuvent se garder
dans leur état naturel pendant tout l'hiver ;

mais les autres fruits tournent bientôt en pourriture, et il faudrait renoncer à en manger après leur saison si l'on n'avait trouvé le moyen de les conserver en les faisant sécher au four, ou en les mettant dans l'eau-de-vie, ou enfin en les faisant bouillir avec un sirop composé d'eau et de sucre. C'est de cette dernière façon que l'on fait les marmelades et les gelées qu'on trouve si bonnes dans l'hiver, et surtout dans les maladies.

Il y a quelques fruits renfermés en de dures coquilles, comme les noix, les amandes, les noisettes, les châtaignes, etc. Vous les connaissez aussi bien que les arbres qui les portent; mais vous ne connaissez pas un autre arbre de la même espèce, parce qu'il ne vient pas dans ce pays : c'est le cocotier. Il est très haut et fort droit, sans branches ni feuillages autour de sa tige. Seulement vers le sommet il pousse une douzaine de feuilles très larges, dont les Indiens se servent pour couvrir leurs maisons, pour faire des nattes et pour d'autres usages. Entre les feuilles et l'extrémité de sa pointe il sort quelques rameaux de la grosseur de mon bras, auxquels on fait une incision, et qui répandent par cette blessure une liqueur très agréable dont on fait l'arack. Ces rameaux portent une grosse grappe, ou paquet de cocos, au nombre de dix à douze.

Cet arbre rapporte trois fois l'année, et son

fruit, dont vous avez goûté l'autre jour, est aussi gros que la tête d'un homme. Il en est dont le fruit n'est pas plus gros que votre poing, et qui sert, entre autres usages, à faire des cuillers à punch.

Il y a aussi une espèce d'amande appelée cacao, qui vient dans les Indes occidentales et au midi de l'Amérique. L'arbre qui la produit ressemble un peu à notre cerisier. Chaque cosse renferme une vingtaine de ces amandes, de la grosseur d'une fève, dont on fait le chocolat, avec d'autres ingrédiens. Le meilleur cacao nous vient de Caraque, dont il porte le nom.

XI. — LES PÉPINIÈRES ET LA GREFFE.

Les arbres ont généralement trois manières de se reproduire : par les graines, pepins ou noyaux cachés dans l'intérieur de leur fruit, par les petits rejetons pris sur leurs vieilles racines, ou par les boutures coupées de leurs branches, et plantées en terre pour s'y enraciner.

L'endroit où l'on rassemble ces élèves, la douce espérance du jardin, s'appelle pépinière. C'est comme un collége pour les enfants des arbres, où l'on veille sur leur croissance, et où l'on s'étudie à les préserver de mauvais penchants.

Les jeunes arbres, qu'on nomme sauvageons, ne porteraient que de mauvais fruits, si l'on n'avait soin de les greffer. Voici comme on s'y prend. On coupe d'abord le haut de leur tige, pour les empêcher de s'élever davantage ; puis un peu au-dessous, des deux côtés, on fait une petite incision à l'écorce, et dans cette ouverture on glisse un bourgeon pris d'un autre arbre, avec une petite partie de son écorce, pour remplir le vide qu'on a fait dans celle du sauvageon. On les lie étroitement ensemble, et l'on recouvre la blessure de mousse, pour empêcher l'air d'y pénétrer. Le bourgeon, recevant sa nourriture de l'arbre, s'unit avec lui, et il pousse bientôt des branches qui, s'étendant de tous côtés, forment la tête de l'arbre, et portent des fruits exquis.

Cette opération, l'une des plus curieuses du jardinage, se varie de plusieurs manières. J'aurai soin de parler à Mathurin, pour le prier, lorsqu'il en sera temps, de la faire en votre présence.

XII. — LES FLEURS.

Charlotte, si vous n'êtes pas fatiguée, nous irons voir nos fleurs. Pour Henri, c'est un homme, et il lui siérait mal de se plaindre. Je pense même qu'il serait en état de se tenir sur ses pieds du matin au soir. Venez, monsieur, prenez la clef du jardin, et ouvrez la porte. Voici, je crois, l'endroit le plus agréable que nous ayons jamais vu.

Quel est l'objet qui va d'abord captiver nos regards? Que sais-je? il se trouve ici une si grande variété de beautés, que l'on hésite à laquelle donner la préférence. Vous admiriez les fleurs des champs; mais celles-ci les surpassent encore.

Regardez ces tulipes, ces giroflées, ces œillets, ces jonquilles, ces jacinthes et ces renoncules. La blancheur de ce lis ou de cette tubéreuse efface celle de la plus belle batiste. Prenez la plus petite fleur : en la regardant de près, vous la trouverez aussi jolie et aussi curieuse que les plus grandes. N'oublions pas surtout la modeste violette, la première fille du printemps. Charlotte, cueillez-moi, je vous prie, une de ces roses à cent feuilles. C'est bien avec raison que pour son doux parfum et sa couleur brillante on la nomme la reine des fleurs. Joignez-y quelques brins de lilas, de jasmin, de muguet et de chèvre-feuille. Quel agréable mélange de douces odeurs dans un si petit bouquet! Je ne vous permettrai pas d'en cueillir davantage; ce serait une pitié de les gâter. Le jardinier nous en a apporté ce matin pour parer notre appartement. Elles se conserveront par la fraîcheur de l'eau qui baigne leurs tiges, au lieu que la chaleur de vos mains les aurait bientôt fanées.

Avez-vous pris garde que chaque fleur a des feuilles différentes de celles des autres; que quelques-unes sont bigarrées de toutes les couleurs que vous pouvez nommer, et découpées en festons les plus délicats? En un mot, leurs beautés sont trop multipliées pour qu'on puisse vous les compter. Quand vous serez en état de lire les ouvrages d'histoire naturelle, vous serez étonnés de tout ce qu'elles offrent d'admirable. Mais vous êtes trop jeunes pour pouvoir comprendre ces livres à présent. Cependant je ne dois pas omettre de vous dire que toutes les fleurs viennent ou de graines, ou d'ognons, ou de petites racines détachées des grandes, ce qu'on appelle marcottes.

Aucune de celles qui croissent ici ne viendrait à l'aventure dans les champs, parce que la terre n'y est pas assez riche pour elles. Il faut prendre beaucoup de peine pour les faire venir, même dans un jardin. Le jardinier est obligé de leur donner des soins continuels. Il faut surtout qu'il n'oublie pas de les arroser chaque jour. La terre et l'eau sont pour les fleurs ce que la viande et le vin sont pour les hommes. Mais comme elles sont muettes et attachées à une place, elles ne peuvent aller chercher des rafraîchissements, ni les demander... Le bon Dieu a pourvu à leurs besoins par les douces ondées du printemps, ou le jardinier qu'il instruit répand sur elles, avec son arrosoir, une pluie bienfaisante.

On élève plusieurs plantes curieuses dans des

serres chaudes. Elles ne croîtraient pas en plein air dans ce pays, parce qu'elles sont transplantées de pays étrangers où il fait beaucoup plus chaud. Quoique vous soyez d'une constitution plus robuste que les fleurs, si vous étiez obligés d'aller dans un pays où le froid est beaucoup plus vif que dans celui-ci, vous ne seriez pas en état de le supporter comme ceux qui sont nés sous ces climats.

XIII. — LES CARRIÈRES.

De ce que je viens de vous dire, mes chers amis, vous devez conclure qu'il y a une grande variété dans ce qui croît sur la surface de la terre ; mais quelle serait votre admiration si vous connaissiez tout ce qu'elle renferme au-dessous ! C'est de son sein qu'on a tiré les grès qui pavent nos rues et nos grands chemins, et ce joli gravier d'un jaune rougeâtre répandu sur les allées pour en bannir l'humidité, et faire un contraste agréable avec le vert tendre de la charmille. La porcelaine et la faïence de notre buffet ; la poterie commune, d'un si grand usage dans la cuisine ; les briques dont nos appartements sont carrelés ; les tuiles qui couvrent nos toits ; tout cela n'est que de la terre, d'une pâte plus ou moins fine, pétrie et cuite au four. Nos verres et nos bouteilles, les vitrages de nos fenêtres, sont du sable fondu. Vous

avez vu quelquefois dans vos promenades bâtir
les maisons ? Eh bien ! la chaux, le mortier, le
plâtre, le ciment qu'on a mis entre les pierres
pour les lier ensemble et les affermir, venaient
du sein de la terre : ces pierres elles-mêmes,
entassées les unes sur les autres jusqu'à une si
grande élévation au-dessus de nos têtes, étaient
ensevelies à de grandes profondeurs sous nos
pieds. Il en est ainsi du marbre qui pare nos
consoles et nos cheminées, et de l'ardoise qui
couvre nos pavillons. Les endroits creusés
pour en retirer ces divers matériaux s'appellent
carrières.

XIV. — LES MINES DE CHARBON ET DE SEL.

Il est des pays où, en creusant à certaines
profondeurs, on trouve dans une espèce de
carrière, appelée mine, le charbon de terre
que vous avez vu souvent décharger à la porte
de nos usines.

Cette richesse est un bienfait de Dieu, c'est
au moyen de cette inépuisable ressource des
houillères que toutes les machines à vapeur
sont aujourd'hui alimentées, et que le bois ne
s'épuise pas en France.

Le charbon de bois ne vient point dans la
terre ; mais il s'y fait dans de grandes fosses,
où l'on jette du bois pour le faire brûler. Lorsqu'il est bien enflammé, on le recouvre afin de

l'éteindre, avant qu'il soit au point de se réduire en cendres.

Il est aussi des mines de différentes espèces de sel, qu'il est utile de vous nommer encore. Je ne vous parlerai que du sel commun. En quelques endroits le sel de ces mines est si dur qu'on peut le tailler comme du marbre et en faire des statues. Ce qu'il y a de singulier, c'est que le feu le fait fondre encore plus promptement que l'eau. Le sel nous vient plus communément de l'eau de mer qu'on fait entrer dans une espèce de bassin peu profond, et qu'on laisse évaporer au soleil. Quand l'eau est toute évaporée, le sel reste en croûte dans ces bassins, qu'on appelle salines.

XV. — MINES DE MÉTAUX.

Je ne vous ai pas dit la moitié des richesses qui se trouvent dans les entrailles de la terre : on en tire l'or, l'argent, le cuivre, le fer, le plomb et l'étain. C'est ce qu'on appelle métaux.

Regardez ma montre ; elle est d'or, ainsi que les louis, les doubles louis et les demi-louis. On peut battre l'or, et l'étendre en feuilles plus minces que du papier. L'espagnolette de mes croisées, les sculptures de mon salon, les chenets de mon foyer, ne sont pas d'or, quoique vous ayez pu l'imaginer ; on n'a fait que les couvrir de ces feuilles d'or légères. L'or est le plus précieux de tous les métaux.

L'argent, quoique inférieur à l'or, est cependant très estimé. Cet écu et ces petites pièces de monnaie sont d'argent. On l'emploie aussi pour les flambeaux, la vaisselle plate et une infinité d'autres ustensiles dont les gens riches font usage. L'argent, couvert d'une feuille d'or, s'appelle vermeil.

Le cuivre sert à faire les sous, les centimes et toute la basse monnaie. On l'emploie aussi ordinairement pour faire nos poêlons, nos casseroles et nos chaudières. Mais l'usage en serait très dangereux si l'on n'avait pas la précaution de les doubler d'étain en dedans, ce qu'on appelle étamer.

Le fer est le métal le plus commun, mais le plus utile. La plupart des instruments dont on se sert pour la culture de la terre et pour les différents métiers sont de fer. L'acier est une espèce de fer raffiné et purifié dans la trempe par le mélange de quelques ingrédiens. Les couteaux, les ciseaux, les rasoirs, les aiguilles, sont d'acier.

Le plomb est aussi d'un très grand usage. Vous savez combien il est pesant. On en fait des réservoirs pour contenir l'eau, des tuyaux pour l'amener des sources, des gouttières pour ramasser la pluie qui dégoutte des toits, et la conduire hors de la maison. On en fait aussi des poids pour les balances, les tourne-broches et les horloges.

L'étain est un métal blanchâtre plus mou que l'argent, mais plus dur que le plomb. Il sert à faire des bassins, des écuelles, des assiettes et des cuillers pour les gens qui n'ont pas le moyen d'en avoir d'argent.

Tous ces différents métaux se trouvent en mines dans la terre. On y trouve aussi ce qu'on appelle les demi-métaux, tels que le vif-argent dont on couvre le derrière des miroirs, le zinc, l'antimoine, etc., que l'on mêle avec les métaux, pour en faire des métaux composés, comme le laiton, le bronze, etc.

XVI — LES MINES DE PIERRES PRÉCIEUSES.

C'est encore dans la terre que l'on trouve les pierres précieuses, telles que le diamant qui est proprement sans couleur, le rubis qui est rouge, l'émeraude qui est verte, le saphir qui est bleu. Je ne vous parle que des principales, parce que le détail en serait trop long. Elles ne paraissent point si brillantes lorsqu'on les tire de la mine. Il faut autant de patience que de travail pour les tailler et les polir. Regardez les diamants de cette bague : vous voyez qu'ils sont taillés à plusieurs facettes : c'est afin que la lumière, réfléchissant d'un plus grand nombre de points, leur donne plus d'éclat.

Il est une espèce de caillou que l'on taille aussi en forme de diamants, pour en garnir des boucles et des colliers, mais il est bien loin d'avoir le même feu. On le reconnaît à sa transparence plus terne. C'est ce qu'on appelle pierres fausses.

Vous voyez, mes amis, il n'est pas une seule chose qui ne puisse servir à satisfaire agréablement notre curiosité, lorsqu'on sait l'examiner avec attention. Quelle folie de se plaindre de n'avoir rien pour se divertir, lorsqu'on peut trouver de l'amusement dans l'étude des œuvres de Dieu! Mais si vous êtes fatigués, je pense que vous devez avoir faim; et je crains que notre dîner ne se refroidisse. Ainsi hâtons-nous de gagner la maison. Je vous en ai dit assez pour occuper votre mémoire jusqu'à demain, où je me propose de faire avec vous une autre promenade.

XVII. — LA TERRE.

Entrez, entrez, Henri. Approchez-vous, Charlotte. J'ai de grandes choses à vous expliquer aujourd'hui. Regardez ce globe. Savez-vous quel est son usage? Oh! non, j'imagine. Eh bien! le croiriez-vous? si petit qu'il soit, il représente toute la terre.

Lorsque vous étiez plus jeunes encore, vous pensiez peut-être que le monde ne s'étendait pas au-delà de la ville que vous habitez, et que vous aviez vu tous les hommes et toutes les femmes qui le peuplent. A présent vous êtes un peux mieux instruits, car je crois vous avoir dit qu'il y a des millions de millions d'autres créatures semblables à nous. En vous promenant dans la ville, vous avez été surpris de la multitude d'habitants qui se pressent en foule le long des rues, comme des abeilles dans une ruche, aussi nombreux et aussi affairés. Ce n'est pourtant que la moindre partie de ceux qui couvrent la face de la terre.

La terre est un globe énorme : celui que nous avons sous les yeux n'en est qu'une espèce de miniature. Vous y voyez une infinité de lignes droites ou tortueuses, tracées sur toute sa rondeur, et peintes, les unes en rouge, les autres en jaune ou en vert, etc. C'est pour distinguer les divers Etats, comme les haies dans les champs distinguent les possessions des divers particuliers.

Il n'était pas plus possible de retracer entièrement toutes les parties de la terre sur ce globe, qu'il ne l'était au peintre de faire entrer toute la grandeur du visage de votre maman sur le tableau que je porte à mon bracelet. Vous voyez cependant que le portrait lui ressemble ; et on aurait pu le faire encore plus petit.

On pourrait de même, en réduisant ces lignes, les retracer sur une orange ; en les réduisant

un peu plus, sur un abricot ; et toujours ainsi
en diminuant, sur une prune, une cerise, un
grain de raisin. Allons plus loin encore. Voici
un pois. Vous voyez combien il est plus petit
que le globe ? Cependant nous pourrions, avec
autant d'adresse que ce graveur qui grava plusieurs mots sur un grain de millet, figurer en
raccourci, sur ce pois, les grandes places jaunes, vertes, rouges, qu'on appelle France, Angleterre, Allemagne, etc., assez bien pour
montrer quels sont les contours de ces pays, et
leur situation l'un par rapport à l'autre.

De la même manière que ce pois ressemble-
rait au globe, le globe ressemble à celui de la
terre.

La surface de la terre n'est pas unie comme
celle de ce globe : elle est hérissée de hauteurs,
de collines et de montagnes. Mais quoiqu'elles
nous paraissent très élevées et qu'elles le soient
effectivement pour d'aussi petites créatures que
nous le sommes, elles n'altèrent pas plus la rondeur de la terre que des grains de sable posés
sur ce globe n'en pourraient altérer la rondeur.
C'est pourquoi nous disons toujours qu'elle est
ronde, malgré ses inégalités.

XVIII. — LA MER.

Tout ce que nous appelons le monde n'est pas
composé d'une matière solide comme le sol que

nous foulons à nos pieds. Entre les différentes parties de la terre il y a des places creuses et remplies d'eau. Les plus grandes que vous voyez répandues çà et là sur le globe sont appelées océan ou mers. Il y en a de moins étendues qu'on appelle lacs ou étangs. Elles ont cela de commun qu'elles sont toujours renfermées entre les mêmes bords. Il y en a d'autres, au contraire, tels que les ruisseaux, les rivières et les fleuves, qui changent sans cesse de rivage, c'est-à-dire qu'ils ont un écoulement qui leur fait successivement parcourir différents pays. Ce ne sont d'abord que des sources, des fontaines ou des filets d'eau qui jaillissent de la terre. Sitôt qu'ils commencent à prendre un certain cours, on les appelle ruisseaux. Ces ruisseaux, dans leur route, se réunissent à d'autres ruisseaux, et forment alors ce qu'on appelle une rivière. Les rivières, en continuant de courir, reçoivent dans leur sein d'autres rivières ou ruisseaux, et vont se décharger dans les fleuves, qui vont à leur tour se décharger dans la mer.

Vous voyez que la plus grande partie du globe est occupée par les eaux. Supposons que Henri aille déterrer une fourmillière et la porte sur ce globe; elle pourrait servir à représenter les peuplades qui habitent la terre. Comme il n'y a d'eau qu'en peinture sur le carton, les fourmis seraient libres d'aller par le chemin qu'elles voudraient. Mais si ces endroits étaient creusés à une grande profondeur, et qu'ils formassent des rivières et des mers véritables, comment pourraient-elles aller à travers ces grands espaces d'eau? Il en est de même à notre égard: nous n'aurions jamais pu atteindre ces lieux dont la mer nous sépare, si l'imagination et l'industrie n'étaient venues à notre secours.

Je me plais à imaginer que c'est à des enfants peut-être que nous devons la première idée de la navigation.

Le premier qui, en jouant sur le rivage, vit une écorce d'arbre flotter sur un ruisseau, prit un long bâton pour l'arrêter au passage. En cherchant à l'attraper, il vit que l'écorce ne s'enfonçait dans l'eau que par une certaine pression. Lorsqu'il s'en fut saisi, il y mit des cailloux, de l'herbe, tant que l'écorce put en porter sans couler à fond. Il la suivit un moment des yeux, et courut plein de joie chercher son papa, pour le rendre témoin de cette nouveauté. Celui-ci, en se promenant le lendemain, trouva un arbre énorme dont le tronc était creusé par les ans. Il le dépouilla de ses branchages et de ses racines, et le jeta dans l'eau, où il le vit se soutenir à merveille. Peu à peu il eut le courage d'y entrer. Après quelques essais le long du rivage, il imagina, avec l'aide de deux perches pour se diriger, de traverser le ruisseau. Cette écorce ne résista pas longtemps aux secousses qu'elle essuyait en abordant sur la plage; elle se fendit, et le pauvre navigateur courut risque de se noyer. Il comprit alors qu'il lui fallait un bateau plus solide, et il se mit à creuser le tronc d'un arbre dépouillé de son écorce, pour naviguer avec plus de sûreté. Dans le même temps, sans doute, à la vue de quelques branchages flottant sur les ondes, on eut l'idée de lier plusieurs pièces de bois ensemble pour en former ce qu'on appelle un radeau, comme ces trains de bois qu'on amène sur la rivière à Paris. En les comparant l'une avec l'autre, on vit que le tronc d'arbre était trop petit pour un homme et son équipage, et que la moindre vague, en s'élevant sur le radeau, mouillait toute la cargaison. On chercha le moyen de réunir les avantages de l'un et de l'autre, en évitant les inconvénients auxquels chacun était sujet; et comme les arts et les instruments s'étaient perfectionnés dans cet intervalle, on imagina de dégrossir les pièces de bois qui formaient le radeau, de les courber, et de les réunir ensemble par des chevilles, sous la forme d'un tronc d'arbre creusé. C'est ainsi que fut construit le premier canot, qui fut d'abord bien petit, sans doute. On l'agrandit peu à peu, selon la largeur des rivières que l'on avait à traverser. Mais de ces frêles bâtiments, à peine capables de contenir quatre ou cinq hommes, qu'il y avait loin encore à un vaisseau de guerre, qui porte douze à quinze cents hommes avec leurs provisions pour six mois, des munitions immenses, avec tout l'attirail des cordages et des voilures! Comme vous n'avez pas vu de vaisseaux de guerre, je ne puis vous donner une idée de cette différence qu'en vous priant de comparer la guérite de la sentinelle qui est à la porte des Tuileries avec ce superbe château.

Imaginez-vous, mes amis, quelle fut la surprise de l'homme qui, descendant le fleuve, dans un petit esquif, parvint à son embouchure, c'est-à-dire à l'endroit où le fleuve se jette dans la mer.

Transportez-vous un instant vous-mêmes sur ses bords, dans votre pensée : voyez ses vagues immenses, roulant l'une sur l'autre à grand bruit, s'avancer avec majesté sur le rivage, et le couvrir de flots blanchissant d'écume. Vous avez vu cet étang qui est dans le voisinage : il a assez de profondeur pour qu'un homme qui marcherait sur le fond eût de l'eau par-dessus sa tête. Mais cet étang, en comparaison de la mer, est moins encore qu'une goutte d'eau en comparaison de l'étang. Regardez sur le globe quel espace elle y occupe. Mesurez en même temps des yeux les plus vastes contrées, vous verrez que la mer est beaucoup plus étendue. En quelques endroits elle est si profonde que la plus longue ficelle, avec un plomb au bout, n'en peut atteindre le fond. Ainsi tâchez de vous représenter quelles idées d'admiration et d'effroi durent saisir cet homme au premier coup d'œil. Il imagina sans doute que cette masse d'eau formait les dernières barrières de la terre. Comme le vent soufflait peut-être en ce moment avec violence, il conçut sans peine que sa petite chaloupe serait bientôt abîmée sous les flots. Il résolut, avec ses compagnons, d'en construire une plus grande, pour suivre du moins la mer le long de ses rivages. La navigation fut longtemps bornée à ces courses timides ; mais de jour en jour les vaisseaux acquéraient plus de perfection. Enfin un homme d'un génie plus hardi que les autres se persuada qu'au-delà de ces vastes mers il y avait d'autres terres, et il forma le dessein de les visiter. Il partit, et il eut la satisfaction de se convaincre par lui-même de la réalité de ses espérances. D'autres après lui entreprirent d'aller plus loin encore. Croiriez-vous que, dans leur course, ils passèrent par un point du monde qui se trouve exactement sous nos pieds, à la distance de toute l'épaisseur du globe de la terre ? Vous me regardez d'un air ébahi. Rien de plus vrai pourtant, et j'espère, avant la fin de nos entretiens, vous rendre la chose sensible.

Contentez-vous maintenant de croire, sur ma parole, que l'on peut faire sur un vaisseau le tour entier du monde. Je vais vous donner une idée de ce qui est nécessaire pour une expédition de long cours.

Avant de venir à la campagne, je vous ai montré en petit, chez un machiniste, le modèle d'un vaisseau avec ses mâts, ses voiles et ses cordages, dont on vous a fait le détail. Vous en avez suivi la description avec trop de curiosité pour que je puisse croire que vous en ayez déjà perdu le souvenir. D'ailleurs vous avez fait une fois le voyage d'Auteuil par la galiote de Saint-Cloud, ce qui est à votre âge un fort joli commencement de navigation.

Si le vaisseau n'est pas nouvellement construit, avant de s'embarquer on commence à le réparer à neuf, c'est-à-dire à faire entrer de force, entre les jointures des planches qui le doublent, de grosse filasse qu'on nomme étoupe, et à le bien enduire de poix et de goudron, pour le rendre impénétrable à l'eau, qui pourrait le faire couler à fond, si elle entrait par ces fentes. Il faut que les mâts soient bien solides, et les voiles en bon état, pour résister à la force des vents. Alors on porte dans le vaisseau une grande quantité de biscuit sec, au lieu de pain qui se moisirait bientôt; plusieurs tonneaux d'eau douce, parce que l'eau de mer est trop amère pour qu'on puisse la boire; enfin des barils de viande salée, attendu que de la viande fraîche ne tarderait guère à se corrompre, et qu'on ne trouve point de boucherie sur la route. On emporte des légumes secs pour

faire la soupe des matelots durant toute la traversée.

Un vaisseau marchand, outre ses provisions
de bouche, prend encore une cargaison, c'est-
à-dire des denrées et des marchandises qu'on
se propose de vendre dans les pays étrangers,
ou d'y échanger contre les productions de l'endroit. C'est ainsi que nous envoyons en Amérique du vin, de la farine, des toiles, des étoffes, etc., et que nous en rapportons du sucre,
du café, du coton, que vous connaissez à merveille, et de l'indigo, qui sert à faire les teintures en bleu.

Les vaisseaux doivent aussi emmener un certain nombre d'hommes, les uns plus, les autres
moins, à proportion de leur grandeur. Ces
hommes s'appellent matelots, et ils ont toujours beaucoup d'ouvrage à faire sur le bord,
surtout dans les temps orageux. Représentez-
vous en effet un pauvre navire ballotté par la
mer en furie, dont les vagues s'élèvent de la hauteur d'une maison, et semblent le lancer dans
les airs, pour le précipiter ensuite dans les abîmes; représentez-vous ses voiles déchirées,
ses mâts brisés, ses cordages rompus : c'est
alors que les matelots ont une terrible beso-
gne ! les uns sont occupés à faire jouer la pom-
pe pour vider l'eau qui est entrée dans le vaisseau ; les autres grimpent sur des échelles de
corde jusqu'au bout des mâts pour baisser les

voiles, de peur que la violence de la tempête ne fasse renverser le navire, ou ne le pousse contre les rochers, qui le briseraient comme un verre. Vous mourriez, j'en suis sûr, de frayeur, dans cette occasion. Mais les marins, avec du courage et de la présence d'esprit, se jouent en quelque sorte de ces bourrasques. Ils veillent surtout à conserver leur gouvernail, cette grosse pièce de bois qui descend dans l'eau le long du derrière du navire, comme une espèce de queue, et qui, tournée à droite ou à gauche, lui fait changer de direction, comme vous voyez ces poissons rouges, renfermés dans un bocal sur ma cheminée, se servir de leur queue pour tourner à leur volonté d'un côté ou de l'autre.

Vous auriez de la peine à croire que les matelots craignent presque autant que la tempête l'état opposé de la mer, c'est-à-dire un calme profond. Dans cette situation, les ondes que je vous ai peintes tout à l'heure si enflées et si turbulentes, sont tranquilles, unies comme une glace; les voiles tombent aplaties le long des mâts; la mer semble dormir, et le vaisseau immobile est comme un tombeau qui renfermerait des êtres vivants. On dirait que ces matelots si actifs et si vigoureux sont frappés d'un engourdissement léthargique. Vous auriez pitié de les voir, les bras croisés sur le pont, se livrer au dégoût et à l'ennui. Mais aussi quelle joie lorsque le vent recommence à s'élever, que les voiles se renflent, que la mer s'agite, et que d'un cours heureux ils s'avancent vers le port, objet de leur désir! Déjà le capitaine, sa lunette en main, cherche le rivage. Les mousses, perchés au plus haut du vaisseau, le sollicitent avidement des yeux. Enfin un cri s'élève : Terre! terre! Toutes les fatigues, tous les dangers sont oubliés. On s'embrasse, on presse la manœuvre, on entre dans le port; et l'on en prend possession en y jetant, au bout d'un long câble, une grosse pièce de fer nommée ancre, dont les deux bras recourbés en crochet s'attachent au fond de la mer, et qui, par ce moyen, retient le vaisseau dans l'endroit où il vient de s'établir. On se précipite alors dans une chaloupe, et on aborde la terre, que la plupart baisent de joie, comme après une longue absence vous embasseriez votre maman.

Mais je viens de vous peindre le vaisseau déjà parvenu au terme de son voyage, tandis que nous l'avons laissé dans les préparatifs de son départ. Il est temps de l'aller rejoindre, de peur qu'il ne s'esquive à notre insu. Aussitôt qu'il a reçu toutes ses provisions et toutes ses marchandises, et qu'il est prêt à mettre à la voile, le capitaine et les matelots n'ont plus qu'à attendre un bon vent pour partir. Je pense qu'il faut d'abord vous apprendre ce que c'est qu'un bon vent. Allons un peu dans le jardin.

Il est midi. Plaçons-nous en face du soleil. De cette manière votre visage est tourné vers le midi, et vous tournez le dos au nord ; à votre main droite est l'ouest, et l'est à votre gauche. Or, vous sentez que, lorsque le vent souffle derrière vous, il tend à vous pousser en avant : lorsqu'il vous donne au visage, il tend à vous pousser en arrière. Vous en avez fait mille fois l'observation par votre cerf-volant. Mais il ne souffle pas toujours du même endroit. De quel endroit souffle-t-il à présent, Henri ? Tirez votre mouchoir, prenez-en deux bouts dans vos mains, écartez vos bras. Voyez-vous ? le vent le fait renfler et le pousse contre votre corps et contre vos jambes. Vous êtes tourné vers le midi ; le vent vient donc du midi. Rentrons maintenant, et retournons à notre globe. Voici les quatre points que je vous ai fait remarquer : Midi, Nord, Est, Ouest. Lorsque le vaisseau veut aller dans un pays qui est au nord, il faut qu'il ait un vent de midi, qu'on appelle ordinairement de sud, pour le pousser de ce côté ; car si le vent venait du nord, il lui serait impossible d'aller vers cet endroit ; ensorte qu'un voyage devient quelquefois plus long qu'il n'aurait dû l'être par l'inconstance des vents, qui changent d'un point à l'autre, et qui obligent par conséquent le vaisseau de changer de direction. Ne croyez pas toutefois qu'on soit obligé de retourner sur ses pas pour chaque variation du vent : l'art de la navigation apprend aux marins une méthode de gouverner le vaisseau qu'on appelle louvoyer, et qui consiste à courir en zigzag, tantôt à droite tantôt à gauche, en s'approchant par degrés du point où l'on tend ; au lieu qu'un vent favorable y porterait tout droit, sans avoir besoin de cette pénible manœuvre.

C'est une chose bien surprenante, mais qui n'en est pas moins vraie, que dans quelques parties de la mer, le vent souffle constamment chaque année des mois entiers du même côté ; ce qui facilite extrêmement aux vaisseaux le moyen d'atteindre leur destination : puis après quelques jours, et souvent même un mois de calme, le vent change, et souffle précisément du point opposé ; ce qui ramène les vaisseaux à pleines voiles aux lieux d'où ils sont partis. Vous comprenez bien que les marins s'arrangent en conséquence, et qu'ils savent profiter tour à tour de ces directions contraires. On appelle ces vents moussons, ou vents de commerce. Les flèches peintes sur le globe marquent les endroits particuliers vers lesquels ils soufflent.

Lorsque le vaisseau est en pleine mer, on est fréquemment des mois entiers sans voir autre chose autour de soi que le ciel et l'eau. Transportez-vous, par exemple, au milieu de la grande mer du Sud. La terre, de tous côtés, en est très éloignée, et il n'y a point de traces marquées sur la surface des eaux pour montrer le chemin le plus court vers l'endroit où l'on veut aller. Mais ceux qui ont fait ces voyages ont tenu le compte le plus exact qu'il leur a été possible des rochers qu'ils ont évités, des petites îles qu'ils ont rencontrées, et d'autres particularités qui servent à ceux qui viennent après eux de règle pour se diriger. On a rassemblé toutes les observations faites sur les différentes parties de la mer, et, d'après elles, on a formé des tableaux appelés cartes marines, dont tous les vaisseaux ont soin de se pourvoir. En consultant ces cartes ils trouvent le moyen d'éviter les rochers, les bancs de sable, les gouffres, et tous les autres dangers que l'on doit craindre dans cette partie.

Malgré ces secours, on serait encore bien embarrassé si l'on n'avait la précaution d'emporter une boussole. Vous allez me demander ce que c'est : je ne demande pas mieux que de vous le dire. C'est un instrument qui a l'air d'un cadran de pendule, excepté qu'au lieu des heures, on a mis les points Est, Ouest, Nord, Sud, et tous ceux qui se trouvent entre ces quatre principaux. Dans le milieu s'élève un petit pivot sur lequel est légèrement suspendue une aiguille qui, étant dans un parfait équilibre, a la liberté de se mouvoir tout autour du cadran. On frotte l'aiguille avec une pierre

d'aimant, ce qui lui donne la singulière pro-
priété de tourner toujours sa pointe vers le
nord. De cette manière, quand on regarde la
boussole, on peut toujours voir de quel côté le
nord se trouve, et diriger toujours son vaisseau
en conséquence, soit qu'on veuille aller vers
ce point ou s'en éloigner.

Puisque je vous ai parlé de l'aimant, il faut
bien que je cherche à vous le faire connaître.
C'est une espèce de pierre qui ressemble beaucoup au fer, et qu'on trouve ordinairement
dans les mines avec ce métal. Il attire à lui le
fer et l'acier, et se les attache étroitement. Si
vous le frottez contre de l'acier ou du fer, il
leur communique sa vertu, quoique dans un
moindre degré de force. Vous verrez un jour
des expériences très curieuses à ce sujet. En
attendant, voici une petite pierre. Seriez-vous
curieux de voir l'effet qu'elle produit sur mes
aiguilles? Fort bien. Je vais renverser mon étui
sur la table. Les voilà immobiles. Approchez-
en l'aimant. Hé! hé! voyez-vous comme elles
s'agitent? On dirait qu'elles sont vivantes. N'allez pas le croire, au moins : elles n'ont ce mouvement que parce que l'aimant les attire. Elles
seraient parfaitement tranquilles hors de son
approche.

Je vous ai dit que l'aimant communiquait au
fer et à l'acier la vertu qu'il a de les attirer;
donnez-moi votre couteau, Henri : je vais en

faire l'expérience devant vous. Observez comme je frotte d'un bout à l'autre, et toujours dans le même sens. Approchez-le maintenant des aiguilles. Eh bien! ne font-elles pas à peu près le même exercice que si elles étaient approchées d'une véritable pierre d'aimant? Vous seriez curieux de savoir comment cela s'opère, n'est-ce pas? De plus habiles que moi se trouveraient embarrassés à vous l'expliquer. Votre ami vous fera connaître un jour les opinions les plus raisonnables des philosophes sur cet objet. Contentons-nous à présent de nous féliciter de cette heureuse découverte, qui a tiré mille et mille fois les marins d'un grand embarras. Représentez-vous en effet un vaisseau au milieu d'une nuit obscure ou de sombres brouillards, ne pouvant consulter le soleil ni les étoiles qui lui serviraient à régler sa marche. Que ferait-il sans sa boussole? Il serait obligé de s'abandonner au hasard, et prendrait souvent une route contraire à celle qu'il veut tenir. Mais sa boussole est toujours prête à le remettre sur la voie. C'est un guide qu'on peut interroger en tout temps, et qui ne trompe jamais.

Il me semble voir sur votre mine, Charlotte, que vous n'y prendriez pas encore trop de confiance. On aurait, je crois, de la peine à vous persuader de faire un petit tour en Amérique. Pas tant, dites-vous, s'il n'y avait pas d'eau

dans l'intervalle qui nous en sépare. Avez-vous
bien réfléchi à ce qui vient de vous échapper ?
Voyez-vous cette île qu'on appelle la Martini-
que? Elle est éloignée des ports de France de
plus de quinze cents lieues. Cependant il y a
des exemples de vaisseaux qui n'ont employé
que vingt jours à faire cette traversée; ce qui
suppose à peu près une vitesse de trois lieues
par heure. Si l'on avait ce trajet à faire sur la
terre ferme, emportant avec soi, sur des cha-
riots, toutes les marchandises dont un navire
est chargé, croyez-vous que six mois puissent
suffire à ce voyage, et qu'il ne fallût au moins
cent fois plus de dépenses ? Je suppose encore
que nous aurions de beaux chemins bien ali-
gnés. Mais si, au lieu de ces belles routes, nous
avions toutes les profondeurs de la mer à des-
cendre et à monter, des gouffres presque sans
fond à franchir, cette expédition vous semble-
rait-elle alors aussi agréable? Voilà pourtant
ce qui arriverait si la mer en se retirant laissait
son lit à sec : et je crois maintenant que si
vous aviez de toute nécessité le voyage à faire,
et l'une des deux manières à choisir, la mer,
malgré tous ses dangers, vous paraîtrait encore
mériter la préférence.

Qu'en dites-vous pour votre compte, Henri?
Oh ! vous vous voudriez avoir des ailes. Cela ne
vous paraît pas mal imaginé. Je vous avouerai
que moi-même, en voyant les oiseaux voltiger

sur ma tête, et parcourir les espaces de l'air avec tant de vitesse, j'ai souvent désiré d'être pourvue d'une bonne paire d'ailes comme eux. Eh bien! j'étais alors aussi folle que vous l'êtes à présent, mon petit ami; car si nous considérons de quelle étendue elles devraient être pour soutenir des corps aussi lourds que les nôtres, je suis persuadée qu'elles nous causeraient plus d'embarras qu'elles ne sauraient nous procurer d'avantages, et que nous sommes plus heureux d'en être privés. De plus, si nous avions à traverser un si grand espace, n'aurions-nous pas besoin de nous reposer par intervalles, et ne courrions-nous pas risque de nous briser en mille pièces, en descendant, les ailes déployées, dans les abîmes que je viens de vous peindre?

Je reviens à vous, Charlotte, pour le projet que vous aviez tout-à-l'heure, de dessécher d'un souffle le lit de la mer. Savez-vous ce que cette belle imagination nous aurait coûté? Le dépérissement de la nature entière. Vous frémissez du risque auquel vous nous avez exposés. Rassurez-vous; le bon Dieu, qui a su disposer de toutes choses avec tant de sagesse pour notre bonheur, n'écoute point nos vœux téméraires. Cette mer qui semble à chaque instant menacer la terre de l'engloutir, est la source de sa fertilité. C'est elle qui lui fournit ces douces ondées qui la fécondent et qui rafraîchissent ses habitants. Vous avez eu souvent occasion de voir de l'eau, exposée sur le feu, produire des vapeurs qui s'attachent en gouttes au couvercle du vase qui la contient : c'est ainsi que la chaleur produite par la présence du soleil fait exhaler de la mer des vapeurs qui s'élèvent dans les airs, d'où elles retombent ensuite en pluie, en neige ou en rosée, soit pour féconder la terre par une humidité bienfaisante, soit pour entretenir les ruisseaux, les rivières et les fleuves qui la baignent et facilitent les communications entre les différents peuples de l'univers. Je ne puis à présent vous donner qu'une idée légère de cette admirable opération de la nature. Mon idée n'est pas de faire de vous des savants, mais d'exciter un peu votre curiosité, sans fatiguer votre attention ni votre intelligence. Vous trouverez un jour des détails plus étendus dans l'ouvrage de votre ami.

En nous entretenant de la terre, dans les premières parties de ce livre, je vous ai parlé des animaux qu'elle nourrit, et de ses productions naturelles. Vous semblez désirer que je vous fasse également connaître ce qui nous vient de la mer. Je me fais un plaisir de vous donner cette satisfaction.

XIX. — LES POISSONS.

Les habitants des eaux sont les poissons, dont les différentes espèces sont tout au moins aussi nombreuses que celles des animaux terrestres. Il en est d'une grandeur si étonnante que je ne saurais à quoi les comparer : il en est au contraire d'une petitesse qui les dérobe à la vue; quelques-uns très jolis à voir, quelques autres d'un aspect hideux.

Vous avez vu souvent servir sur nos tables des turbots, des soles, des merlans, des brochets, des dorades, des maquereaux, des esturgeons, et une infinité d'autres, dont vous avez trouvé la chair d'un goût délicieux ; tous ceux-là se prennent sur nos côtes. Les pêcheurs, montés sur leurs barques, n'ont qu'à s'avancer un peu dans la mer et laisser tomber leurs filets pour les attraper en grande abondance. Ils les amènent aussitôt dans le port, et de là ils sont dispersés dans tous les lieux où ils peuvent arriver avant de se corrompre.

Il en est en revanche qu'il faut aller chercher un peu loin, tels que la baleine, la morue et le hareng. Je vais vous en parler avec quelque détail, parce que cette pêche est plus considérable, et qu'elle offre des particularités dignes de votre attention.

XX. — LA BALEINE.

On peut donner à la baleine le nom de reine de l'Océan. Sa grandeur est énorme : quelques-unes ont deux cents pieds de long. Vous avez trois pieds, Henri ; ainsi une baleine est soixante fois plus longue que vous, et vingt fois plus grosse. Un homme pourrait se tenir à l'aise dans ses entrailles. Elle a une grande queue, capable, par sa force, de renverser d'un seul coup un vaisseau, ce qui rend sa pêche très dangereuse. Voici comme elle se fait :

Cinq ou six hommes montent sur une chaloupe ; l'un se tient sur le bord. Aussitôt que la baleine s'élève du fond de la mer pour respirer, il lui lance sur le dos un crochet long d'environ six pieds, et qui tient à une longue corde. La baleine, se sentant blessée, plonge aussitôt pour se dérober à d'autres coups. On file la corde de toute sa longueur, et on suit l'animal à la trace de son sang. Le besoin de respirer la fait bientôt remonter, et on lui lance de nouveaux harpons, jusqu'à ce qu'elle meure de ses blessures. Alors elle surnage, et le vaisseau qui suit la chaloupe vient la prendre. Lorsqu'elle est trop grande, on la traîne sur le rivage pour la couper en morceaux ; mais si elle n'a que cinquante ou soixante pieds de long, on en fait une espèce de ceinture au vaisseau, et les matelots, avec des bottes dont la semelle est armée de crampons, de peur de glisser, descendent sur son corps et la dépouillent de sa graisse, dont on remplit des tonneaux. C'est cette graisse qui, étant bouillie, rend l'huile dont on se sert ordinairement pour brûler dans les lampes, pour préparer la laine, les cuirs, et pour une infinité d'autres usages. Les buscs du corset de votre sœur, et les baleines de mon parasol ne sont que des poils de sa barbe ; ils lui servent à ramasser les plantes marines, les vers et les insectes dont elle se nourrit. Elle mange aussi de petits poissons, tels que les anchois, les merlus, et surtout les harengs, dont elle est très friande. Ses petits, lorsqu'ils finissent de téter, sont de la grosseur d'un taureau.

Outre le danger d'être renversés par la queue de la baleine, ou par l'eau qu'elle lance en colonnes par deux trous ouverts sur sa tête, les pêcheurs courent un autre risque non moins affreux. Comme cette pêche se fait ordinairement dans une mer que la rigueur du climat couvre de glaces, les vaisseaux sont quelquefois brisés par les glaçons, ou s'en trouvent tout-à-coup enveloppés de manière que l'équipage est réduit à périr de froid.

XXI. — LA MORUE.

La chair de la baleine n'est pas bonne à manger; celle de la morue, au contraire, est d'un goût délicieux. Elle fait presque la seule nourriture d'une très grande partie des peuples du Nord, qui ne recueillent chez eux que peu de fruits et de blé. Ils en font sécher une partie, qu'ils mangent au lieu de pain, et ils vendent le reste à des marchands qui vont les acheter à vil prix, pour les répandre en différentes contrées.

Mais cette pêche n'est rien en comparaison de celle qui se fait bien loin d'ici, au banc de Terre-Neuve, qu'on appelle le grand banc des morues. Il s'y rend des vaisseaux de tous les coins du monde. Vous pourrez vous former une légère idée de la grande quantité de poissons que l'on y prend, quand vous saurez que la pêche dure trois mois entiers, depuis le mois de janvier jusqu'à la fin d'avril ; que cinquante mille hommes au moins y sont employés, et que chacun prend trois ou quatre cents morues par jour. Ces animaux sont si voraces qu'il suffit pour les amorcer d'un morceau d'étoffe rouge, ou d'un hareng de fer blanc, d'où pend l'hameçon. En jetant dans la mer les entrailles de ceux que l'on a déjà pris, on attire les autres, qui viennent pour les dévorer en si grande foule qu'ils se pressent les uns sur les autres, au point que leurs nageoires sont au-dessus de l'eau.

La morue verte, et la morue sèche, appelée

ordinairement merluche, ne sont que le même poisson diversement préparé. Il suffit de saler la première aussitôt qu'on vient de la vider, parce qu'on la mange dans l'année ; l'autre doit rester exposée pendant quelques jours au vent du nord, qui est si froid et si pénétrant qu'il la dessèche, et la met ainsi en état d'être conservée pendant plusieurs années de suite, sans se gâter. On en fait des tas plus hauts que des maisons, et l'on en remplit ensuite la cale des vaisseaux qui nous les apportent.

XXII. — LE HARENG.

Une pêche plus considérable encore est celle des harengs. La multiplication de ces poissons est prodigieuse. Aussitôt qu'ils ont déposé leurs œufs sous les glaces du nord, où leurs ennemis ne peuvent pénétrer, ils partent pour aller chercher leur nourriture en d'autres mers. Ils nagent en grandes colonnes, qui s'élargissent ou se rétrécissent au signal qu'ils reçoivent de leurs conducteurs. Ils forment quelquefois une ligne de plus de cent lieues de front ; puis ils se séparent par grosses troupes, pour se répandre en divers quartiers ; et enfin, après avoir parcouru une grande partie du globe, ils se réunissent, et reviennent, par deux colonnes opposées, aux lieux d'où ils sont partis.

On est averti de leur passage par les oiseaux de mer qui volent au-dessus de leurs têtes pour les saisir quand ils approchent de la surface de l'eau, et par les baleines et d'autres gros poissons qui les suivent toujours comme une proie assurée. La pêche commence le lendemain de la Saint-Jean. Elle ne se fait que la nuit, soit parce qu'il est plus facile de les distinguer à la lueur que jettent leurs yeux et leurs écailles, soit parce qu'on peut les attirer par l'éclat des lanternes qu'on allume le long des filets. Ces feux, qu'ils prennent pour le jour, servent aussi à les éblouir et à les empêcher de voir le piége qu'on leur a tendu. Il est impossible de se figurer le nombre que l'on en prend dans vingt jours à peu près que dure cette pêche. Les filets, qui ont plus de douze cents pieds de longueur, rompent sous le poids. Il est tel port de la Hollande d'où il part plus de trois cents barques pour cette expédition ; et l'on y compte environ cent mille hommes dont elle occupe les bras.

Les harengs frais se préparent, comme la morue, par la salaison. Les harengs saurs, après avoir été exposés pendant six semaines à la fumée, deviennent secs, comme vous les voyez. On les met ensuite dans des barils, bien serrés les uns contre les autres, et on les envoie dans presque toutes les parties du monde, pour servir à la nourriture des pauvres.

Quand je vous ai dit que les différentes espèces d'animaux qui vivent dans la mer étaient
tout au moins aussi nombreuses que celles des
animaux terrestres, vous n'avez pas entendu
que je vous fisse une description particulière
de chacun. Je n'ai voulu vous faire connaître
que ceux dont vous pouvez entendre parler
tous les jours, ou que vous avez occasion de
voir le plus souvent. Je me flatte que, lorsque
votre intelligence sera un peu plus formée,
vous vous empresserez de vous-mêmes de vous
instruire davantage ; et je puis vous promettre
d'avance que vous y trouverez infiniment de
plaisir. Savez-vous pourquoi il y a tant de personnes ignorantes dans le monde? C'est que
l'on a négligé, dans leur enfance, de leur présenter les objets qui étaient à leur portée, et
de les accoutumer ainsi à observer de bonne
heure les œuvres de Dieu. Les pauvres gens !
il faut les plaindre, sans leur faire de repro-
ches, puisqu'ils n'ont pas trouvé de secours
pour leur instruction. Mais aujourd'hui que les
enfants ont tant de bons livres destinés à leur
former l'esprit et le cœur, ne serait-il pas hon-
teux qu'ils fussent méchants ou mal instruits ?
En tout cas, malheur à ceux qui le seront !
puisque les lumières et les bons principes étant
aujourd'hui très répandus, ils ne pourront pas,
comme autrefois, se cacher dans la foule pour
se sauver du mépris. Ils trouveront de toutes

parts des yeux éclairés qui, d'un seul regard, découvriront leurs vices ou leur ignorance ; ils seront forcés de vivre seuls, abandonnés aux dédains des autres, et au sentiment, peut-être plus cruel encore, de leur propre indignité.

Mais revenons à nos poissons. N'allais-je pas oublier de vous dire qu'ils n'ont point de jambes ? De quel air vous me regardez, Henri ! Pardon, Monsieur ; je ne me doutais pas encore à quel observateur je parlais. Permettez-moi cependant de vous apprendre pourquoi ils n'en ont point. C'est parce qu'ils ne sauraient en faire usage, et qu'elles ne feraient que les embarrasser. Comme ils ne sortent point de l'eau, elles leur seraient aussi inutiles pour nager que des nageoires nous seraient inutiles pour marcher sur la terre.

N'allez pas croire, d'après cela, que tous les poissons aient des nageoires. Dieu, qui n'a rien épargné pour nous donner tout ce qui nous est nécessaire, est en même temps assez économe pour ne nous donner rien de superflu. C'est pour cela que les huîtres et les moules, qui passent leur vie attachées à l'endroit où elles ont pris naissance, ne sont pas pourvues d'un instrument qui ne leur servirait à rien. Je vais vous apprendre quelques particularités sur ces coquillages.

XXIII. — L'HUITRE.

L'huître est un de ces animaux qui paraissent, au premier coup d'œil, avoir été traités avec un peu de rigueur par le Créateur, mais qui, sous un autre aspect, attestent le plus hautement la sagesse et la providence divines. Renfermée dans une étroite prison, privée de mouvement et d'industrie, elle n'en trouve pas moins sa subsistance. En entr'ouvrant ses écailles, elle reçoit à chaque instant de la mer les petits insectes, les débris de plantes, et les sucs limoneux dont elle se nourrit. Les flots se chargent de ses œufs, et vont les poser dans le fond de la mer ou sur les rochers, quelquefois même aux branches des arbres que la marée baigne ; en sorte qu'elles se trouvent tour-à-tour plongées dans l'eau et suspendues dans l'air. On se plaît à servir sur la table ces branches, couvertes à la fois d'huîtres et de fleurs.

La chair des huîtres est naturellement blanche. Pour les rendre vertes, on va les pêcher sur les rochers ou au fond des eaux, et on les enferme le long des bords de la mer, dans de petites fosses. Au bout de six semaines, la mousse qui se forme dans ces fosses, et qui rend l'eau verdâtre, comme vous la voyez dans nos mares, imprègne les huîtres de cette couleur.

Les écailles, au bout de vingt-quatre heures,

commencent à se former sur les huîtres nais-
santes. Je vous en ai fait observer de presque
imperceptibles, attachées à la coquille de leurs
mères.

Quelques oiseaux de mer aiment les huîtres
autant que nous. Ils attendent qu'elles ouvrent
leurs écailles pour fondre précipitamment sur
elles et les percer à coups de bec, avant
qu'elles aient pu se claquemurer. Quelquefois
aussi l'huître leur prend à eux-mêmes le bec
en se refermant.

Le crabe, son ennemi mortel, est plus adroit
que l'oiseau. Lorsqu'il voit l'huître s'entr'ouvrir, il jette entre ses coquilles un petit caillou
qui les empêche de se rejoindre; et alors il
dévore sa proie sans danger.

Il est une espèce d'huître appelée perlière,
qui produit les perles que vous voyez aux colliers des femmes, et la nacre dont on fait des
jetons, des navettes et des manches de couteaux. Les perles se trouvent soit dans le corps
de l'animal, soit attachées à l'intérieur de ces
écailles; ces mêmes écailles forment la nacre
Des hommes accoutumés dès l'enfance à plonger vont les chercher au fond de l'eau, quelquefois à cent pieds de profondeur. Ils en remplissent des sacs, et viennent les décharger
sur le rivage. On attend que l'huître s'ouvre
d'elle-même, ce qui arrive au bout de deux ou
trois jours; et alors on arrache ses trésors,

auxquels notre folie met un assez grand prix pour exposer de malheureux plongeurs à être dévorés par des poissons voraces, à se briser contre les rochers, ou à être étouffés par les eaux.

On est parvenu à imiter les perles naturelles par des perles fausses, au point d'en rendre la différence très peu sensible. Il est un petit poisson appelé ablette, dont les écailles sont très brillantes. On rassemble ces écailles dans l'eau, et on les frotte pour en détacher une matière visqueuse dont elles sont couvertes Cette matière se précipite en liqueur argentée au fond du vase. On la recueille avec soin, et on y mêle un peu de colle de poisson, qui lui donne plus de consistance ; ensuite on a des grains de verre fin, creux et très minces, où l'on fait entrer une goutte de cette liqueur ; on roule les grains avec adresse, pour que la matière s'y répande partout également, et y forme une couche bien unie : lorsqu'elle est sèche, on fait couler de la cire fondue dans le verre, pour donner à la perle de la solidité, du poids et de la blancheur.

Les perles fausses ont l'avantage d'être plus égales entre elles que les perles véritables, et d'avoir la grosseur qu'on veut leur donner. Si elles n'ont pas tout-à-fait le même éclat, du moins elles sont infiniment moins coûteuses; elles réussissent aussi bien dans la parure. et

n'inspirent jamais à celle qui les porte la
crainte de les avoir achetées au prix de la vie
d'un de ses semblables. N'est-il pas déjà assez
cruel de compromettre l'existence de ses frères
pour se procurer les douceurs de la vie, sans
la risquer encore pour les plus méprisables
jouissances de la vanité? Quelle petitesse d'esprit de s'estimer davantage pour de beaux ha-
bits et des bijoux! Ces insensés devraient con-
sidérer un moment que l'or, l'argent et les
pierreries dont ils sont chargés étaient ense-
velis dans les entrailles de la terre, et qu'ils
n'ont pas même le mérite de les avoir travail-
lés; que leurs soieries ne sont que les dépouilles
d'un petit ver rampant qui les a portées avant
eux.

XXIV. — LES COQUILLAGES.

Outre les poissons dont je viens de vous entretenir, je pourrais vous en nommer plusieurs
encore dont la seule peinture ne vous intéres-
serait pas moins vivement. Les uns sont armés
d'une épée ou d'une scie, les autres hérissés
de pointes ou d'épines, etc. L'objet pour lequel la nature leur a donné ces armes, l'usage
qu'ils en savent faire, les besoins qu'ils éprou-
vent pour leur subsistance, les moyens qu'ils
emploient pour y pourvoir, les différents degrés de leur instinct et de leur industrie; tout

en eux et dans tous les autres est bien digne
de votre curiosité. Ne sentez-vous point déjà
le plaisir que vous goûterez un jour en cherchant à pénétrer les merveilles étalées de tous
côtés à vos regards ? Que diriez-vous de celui
qui, venant d'hériter d'un superbe palais, irait
se renfermer stupidement dans l'alcôve la plus
enfoncée, sans chercher à connaître les ameu-
blements précieux dont il est environné? Tel,
et plus stupide mille fois, serait l'homme, héri-
tier de Dieu sur la terre, qui végéterait entouré
de prodiges vivants qui sollicitent sans cesse
sa curiosité, sans qu'un noble désir le portât
jamais à la satisfaire. Les devoirs que son état,
quel qu'il soit, l'oblige de rendre à la société,
ne sont point un obstacle à son instruction.
Combien d'heures perdues dans les amusements frivoles qu'il pourrait consacrer à acquérir des connaissances utiles, sources inépui-
sables des plaisirs les plus flatteurs ! L'homme
instruit n'éprouve jamais dans sa vie un seul
moment de solitude ou d'ennui. Dans la profondeur des déserts, il trouve une société nom-
breuse qu'il interroge, et dont il sait entendre
la voix. Un brin d'herbe, un insecte, suffisent
pour réveiller en lui une foule d'idées, et pour
lui faire parcourir dans un instant le cercle
immense de la création. La juste valeur dont
il s'accoutume à priser les choses humaines,
l'étendue et la dignité que ses réflexions don-

nent à son esprit, le tiennent aussi loin de l'orgueil que de la bassesse; et ses lumières peuvent élever sa fortune, sans en dégrader l'ouvrage par de vils moyens.

Vous n'êtes pas encore en état, mon cher Henri, de sentir toute la vérité de ce que je viens de dire; mais il me semblait voir vos parents auprès de vous, et c'est à eux que je m'adressais pour leur inspirer le désir de travailler à votre bonheur, en vous faisant acquérir les connaissances qui le procurent. Je crois aussi lire dans vos yeux que tout ce que vous avez pu saisir de ce tableau vient d'allumer votre imagination, et que vous brûlez d'impatience de vous instruire. Mettons à profit des dispositions si favorables, et reprenons le ton familier de nos entretiens.

Vous avez vu des bouquets formés de coquilles, dont les nuances représentaient celles des plus belles fleurs; vous avez admiré les jolis compartiments qu'on en faisait sur nos surtouts de dessert, l'effet agréable qu'elles produisent sur le bord des bassins, dans la décoration des grottes et des cadres : mais ce ne sont encore là que des coquillages uniformes et communs, tels que la mer les jette en profusion sur les rivages. C'est dans les cabinets des curieux que vous pourrez en observer d'un choix rare, et d'une variété presque infinie. C'est là que vous passerez des journées entiè-

res à vous extasier sur l'élégance ou la singu-
larité de leurs formes, l'éclat et la diversité de
leurs couleurs.

Chacune de ces coquilles renfermait autrefois un poisson qui vivait au fond de la mer,
retiré dans son palais immobile, ou qui l'em-
portait avec lui en nageant, par une manœuvre
admirable, telle que je vous l'ai peinte dans
l'histoire du nautile.

Une autre histoire non moins intéressante
pour vous est celle d'une espèce d'écrevisse
qu'on nomme Bernard l'Ermite, ou le Soldat.

Bernard l'Ermite est couvert d'écailles dans
tout son corps, excepté sur l'extrémité du dos.
Pour mettre cette partie à l'abri de ce qui
pourrait la blesser, il va, dès sa naissance,
chercher une coquille vide dans laquelle il
s'établit, jusqu'à ce qu'en grandissant il ait
besoin d'un logement plus vaste.

Lorsque ce moment est venu, sans quitter
sa première coquille, il va sur le rivage en
chercher une autre. Dès qu'il l'a trouvée, il sort
de l'ancienne pour essayer la nouvelle. S'il ne
la juge pas bien proportionnée à sa taille, il
va plus loin, mesurant toutes celles qu'il rencontre, jusqu'à ce qu'il en ait une qui lui con-
vienne. Aussitôt il s'y glisse avec une extrême
précipitation, et, dans sa joie, il fait deux ou
trois caracoles sur le sable. Il a toujours soin
de choisir un ermitage assez spacieux pour

pouvoir se tapir dans le fond, de manière à le faire croire inhabité; ce qu'il pratique au moindre bruit qui se fait entendre. Si par hasard un de ses camarades se trouve dépouillé en même temps que lui, pour entrer dans la même coquille il se livre aussitôt entre eux un combat, et le plus faible abandonne la coquille au vainqueur.

C'est apparemment pour ces combats que Bernard l'Ermite a obtenu le surnom de Soldat, ou peut-être aussi parce qu'il a l'air d'une sentinelle dans sa guérite.

L'histoire des coquillages forme une branche très curieuse de la connaissance de la nature. On aime à voir comment, pour nous donner dans tous ses ouvrages une idée de sa grandeur et de sa richesse, Dieu a revêtu un vil poisson de la livrée la plus brillante.

Des plongeurs vont chercher des coquilles au fond des eaux. La mer, dans les tempêtes qui la bouleversent dans toute sa profondeur, en jette aussi quelquefois sur ses bords.

XXV. — PLANTES MARINES.

Les plantes marines ne sont pas, à beaucoup près, aussi variées que celles de la terre. Je me contenterai de vous dire quelques mots des algues et des fucus.

Les feuilles de l'algue commune sont d'en-

viron deux ou trois pieds de longueur, molles,
d'un vert sombre, et semblables à des cour-
roies. On en trouve une espèce dans les mers
du Nord dont les feuilles sont jaunâtres. Lorsque cette plante est exposée au soleil, il tran-
spire de ses feuilles de petits grumeaux d'un
sel doux et de bon goût, dont on fait usage en
guise de sucre.

Les fucus sont la plupart ramifiés en arbrisseaux. Il s'élève sur leurs feuilles de petites
vessies remplies d'air comme des ballons, qui
tiennent la plante debout dans l'eau, ou l'y
font flotter. Il en est quelques espèces d'une
jolie couleur de rose, de vert et de citron ; on
les fait bien tremper dans de l'eau douce en
sortant de la mer, puis on les fait sécher entre
deux papiers ou sur un carton que l'on couvre
d'un verre ; ce qui produit des tableaux fort
agréables.

XXVI. — LE CORAIL.

Vous avez pris souvent, mes amis, pour des
arbrisseaux ou des plantes ces productions
marines que vous aviez tant de plaisir à consi-
dérer dans le cabinet de votre papa. Des personnes qui, soit dit sans vous offenser, étaient
incomparablement plus habiles que vous, ont
toujours vécu dans la même erreur, qui s'est
perpétuée pendant plusieurs siècles : ce qui

vous prouve avec quelle attention il faut étudier la nature pour découvrir ses secrets.

Je vais d'abord vous parler du corail, qui a dû vous frapper le plus vivement, et qui vous servira à mieux comprendre ce qui concerne les autres.

Le corail, dont la teinte est ordinairement rouge, et quelquefois blanche, ou mélangée de ces deux couleurs, a la figure d'un arbrisseau. Sa plus grande hauteur est d'un pied ou un peu plus. Sa tige, à peu près de la grosseur de mon pouce, est couverte d'une espèce d'écorce, et porte des branches dépouillées de feuilles, mais qui semblent présenter des graines et des fleurs. Voilà des apparences bien séduisantes pour le croire un petit arbre, n'est-ce pas ? cependant ce n'est que l'ouvrage de petits vers appelés polypes. Je vais vous dire comment ces ingénieux architectes en forment l'édifice pour leur habitation.

Aussitôt que les œufs de polypes, assemblés en pelotons sous quelque rocher, sont éclos, ces animaux commencent à se bâtir en rond, et l'une contre l'autre, de petites cellules, à la manière des limaçons et des coquillages, d'une substance qui s'échappe de leurs corps. A mesure que cette substance devient plus abondante et s'épaissit au point de remplir le fond des tuyaux qu'ils habitent, ils sont forcés de monter un peu plus haut, et d'en former d'autres au-dessus, dans la même direction. Ceux-ci se remplissent de la même manière, par où le corail acquiert sa dureté : et comme, dans l'intervalle, la famille se multiplie, les nouveau-nés forment d'un côté et d'autre des colonies, d'où parviennent les branches, qui se ramifient à leur tour.

Les fleurs qu'on avait cru remarquer sur les branches ne sont que les bras de ces polypes, qu'ils étendent en forme de griffes pour saisir les débris d'insectes dont ils se nourrissent ; et les graines prétendues ne sont que leurs œufs.

C'est de la même manière, mais avec quelque variété, suivant les différentes espèces de polypes, que se forment les coralines, les lithophytes, les éponges, les madrépores, et d'autres polypiers qui se trouvent en certains endroits dans une si grande abondance, que le fond de la mer ressemble à une épaisse forêt.

Vous vous félicitez sans doute, mes amis, de tout ce qu'il vous reste d'intéressant à apprendre dans l'étude de la nature. Je ne vous en ai présenté qu'un petit tableau, seulement pour vous montrer la perspective de ce qu'elle doit offrir un jour à vos regards, si vous savez les accoutumer de bonne heure à l'observation qu'elle exige pour pénétrer ses mystères. Je ne connais rien de plus satisfaisant et de plus récréatif. Quand nous serons de retour à Paris, je vous mènerai de temps en temps au Cabinet d'Histoire naturelle, pour vous y faire regarder peu à peu tous les objets curieux qu'il renferme. Nous y emploierons nos heures de récréation, afin de ne pas déranger l'ordre de vos études. Je me flatte que vous me remercierez de vous avoir fait connaître ces nouveaux plaisirs, et qu'ils vous paraîtront bien préférables aux amusements ordinaires de votre âge.

Nous avons jusqu'ici promené nos regards sur la terre, pour nous former une première idée de ses habitants et de ses productions; nous venons de les plonger avec le même dessein jusque dans les profondeurs de la mer : dans notre premier entretien, nous les élèverons vers les cieux, pour étudier les mouvements des astres qui roulent dans leur immense étendue.

XXVII. — LE SOLEIL.

Reposons-nous ici, mes amis. Nous voici parvenus sur le sommet le plus élevé de la colline. Venez vous asseoir près de moi, et jouissons ensemble de la fraîcheur de cette belle soirée. Quelle charmante perspective s'offre à nos regards ? Comme ce vaste paysage réunit l'agrément et la richesse dans le mélange de ces vertes prairies où l'œil s'égare avec tant de plaisir, de ces petits ruisseaux qui semblent se jouer en les baignant de leurs eaux fécondes, de ces champs couverts de moissons dorées, et de cette forêt dont les robustes enfants vont se transformer en vaisseaux, pour aller nous chercher mille trésors précieux aux bornes de la terre !

Au-dessus de cette scène admirable, contemplez le soleil, qui, du seul éclat de sa couronne, remplit l'immensité de son empire. Toute cette magnificence est son ouvrage.

Après avoir rendu, par la chaleur de ses rayons, la vie à la nature, il en fait briller les traits rajeunis de la splendeur de sa lumière, et jette sur les plis de sa robe verdoyante les plus vives couleurs.

Occupons-nous un moment de ce qu'il est, et des bienfaits qu'il répand sur la terre, avant de rechercher la place qu'il occupe, et de parcourir les espaces immenses où s'étend sa domination.

Le soleil est un globe de feu qui, tournant sur lui-même d'une rapidité prodigieuse, darde sans cesse, et de tous les côtés, en lignes droites, des rayons formés de sa substance, et destinés à porter avec une vitesse inconcevable, jusqu'au bout de l'univers, la lumière qui l'éclaire, la chaleur qui l'anime et les couleurs qui l'embellissent.

C'est un globe, puisque dans toutes ses parties il se montre à nos yeux sous une forme circulaire, et qu'avec un bon télescope on dé couvre sa convexité. Il est de feu, puisque ses rayons rassemblés par des miroirs concaves ou des verres convexes brûlent, consument et fondent les corps les plus solides, ou même les convertissent en cendres ou en verre.

Il tourne sur lui-même, puisque l'on observe sur son disque des taches qui, se montrant sur un de ses bords, semblent passer à travers toute sa largeur sur le bord opposé, se dérobent pendant quelques jours, et reparaissent ensuite au premier point d'où elles sont parties. Ces taches peuvent aisément se découvrir avec une bonne lunette; leur nombre va quelquefois jusqu'à cinquante; et il en est que l'on a vues dix-sept cents fois plus grandes que la terre entière. Soit qu'on les considère comme des écumes formées par l'action d'un feu violent, soit plutôt comme des éminences solides du corps du soleil que les flots de matière enflammée qui le baignent laissent quelquefois à découvert dans leur agitation, ces taches, unies à sa masse, ne laissent pas douter, par leur cours régulier, qu'il ne tourne avec elles sur lui-même; et cette rotation qui se fait en vingt-cinq jours et demi, quoique plus lente que celle de la terre, qui n'y emploie qu'un jour, doit être d'une rapidité prodigieuse pour un globe quatorze cent mille fois plus gros que le nôtre.

Le soleil darde ses rayons sans cesse de tous

côtés, et même de tous les points de sa surface ; car il n'est pas un seul instant où sa lumière ne se répande sur toutes les parties de l'univers tournées vers lui, et pas un seul point qu'il éclaire, d'où on ne le voie tout entier.

Ses rayons sont dirigés en lignes droites, et non par des ondulations semblables à celles que le mouvement excite dans l'air et dans l'eau ; car autrement on le verrait lorsqu'il serait caché derrière une montagne, et même lorsqu'il serait de l'autre côté de la terre, c'est-à-dire pendant la nuit, puisque sa lumière étant répandue par ondes, comme le son, l'impression en viendrait toujours à nos yeux. La lune, par la même raison, ne pourrait jamais l'éclipser. J'en ai une autre preuve plus à votre portée. Lorsque j'ai fait votre portrait à la silhouette, c'est que votre tête jetait sur la muraille une ombre exactement de la même forme qu'elle-même ; ce qui prouve clairement que les rayons croisaient en lignes droites toutes les extrémités de votre profil. On peut enfin s'en convaincre d'une autre manière, en fermant les volets d'une chambre, et en y pratiquant un petit trou : les rayons qui passent par cette ouverture ne se répandent point en ondes dans la chambre, mais la traversent en lignes droites, sans éclairer autre chose que les objets qu'ils rencontrent dans cette direction.

Les rayons du soleil sont formés de sa propre substance. Ce sont des flots de sa matière enflammée qu'il lance de tous côtés. A la distance où il est de nous, comment ses rayons pourraient-ils nous échauffer, s'ils ne partaient d'une source brûlante, en conservant dans le trajet leur chaleur par la vitesse de leur mouvement? Vous branlez la tête, Henri? vous pensez sans doute que le soleil devrait être dès longtemps épuisé? Votre arrosoir, dites-vous, n'est pas une minute à se vider de l'eau qu'il contient. Je veux renchérir encore sur votre objection. L'arrosoir ne verse de l'eau que d'un côté, et le soleil répand de toutes parts sa lumière. Il la fait jaillir jusqu'à des lieux un million de fois peut-être plus éloignés de lui que nous ne le sommes, puisque certaines étoiles, qui sont à cette distance, envoient leur lumière jusqu'à nos yeux. Il ne paraît pas cependant que ni le soleil ni les étoiles aient souffert, depuis tant de siècles, quelque diminution de leur éclat. Vous voyez que je n'ai pas affaibli votre difficulté. Ecoutez maintenant ma réponse.

Il est d'abord nécessaire de vous donner une idée de la petitesse prodigieuse des parties dont les rayons de lumière sont composés. Au moyen du microscope, je vous ai fait voir dans une goutte d'eau de mare, pas plus grosse qu'une lentille, des milliers de petits insectes vivants. Ces insectes ont des yeux, des membres, du sang, ou une autre liqueur qui circule dans leur corps pour les animer. Il vous est aisé, ou plutôt il vous est impossible de vous figurer combien chaque goutte de sang ou de cette liqueur doit être menue. On prouve, par le calcul, qu'elle est moins par rapport à un grain de sable d'une ligne, que ce grain de sable n'est au globe de la terre. Eh bien! cette petitesse n'est rien encore en comparaison de celle des parties de la lumière, ainsi que vous allez en convenir. Je vous ai dit tout-à-l'heure que nous ne voyons le soleil entier que parce que de tous les points de sa surface il part des rayons qui viennent peindre son image au fond de nos yeux. Il n'est pas douteux que ces insectes voient le soleil pendant le jour; peut-être voient-ils pendant la nuit les étoiles. Or, ils ne peuvent les voir, que de tous les points, de toute la surface des étoiles et du soleil il ne soit parti des rayons pour en porter jusqu'au fond de leurs yeux l'image entière. Le soleil est plus de quatorze cent mille fois plus grand que la terre; chacune des étoiles est aussi grande que le soleil. Voilà donc des corps d'une masse si incompréhensible qui, de tous les points de leur étendue, envoient des flots de lumière dans l'œil d'un petit insecte, confondu avec des milliers de ses semblables dans une goutte d'eau, à peine sensible à nos regards.

Vous refuserez peut-être de croire qu'un si petit animal puisse porter sa vue jusqu'aux étoiles. Je ne vous chicanerai point là-dessus, quoique je puisse vous citer un très beau vers de M. de Bonneville, qui dit en parlant de la puissance de Dieu :

Et sur l'œil de l'insecte il a peint l'univers.

Mais si l'insecte ne jouit pas de ce vaste spectacle, nous en jouissons, nous autres. Notre œil peut, dans une seconde, parcourir toute l'étendue des cieux. Il aura vu non-seulement toutes les étoiles, mais encore toutes les parties de l'espace qui les sépare; ce qui multiplie bien davantage la quantité des rayons qui seront venus successivement aboutir à nos yeux. Et cette nouvelle expérience est une preuve plus forte encore de l'infinie petitesse des parties de la lumière, puisqu'un si grand nombre de rayons se sont combattus et effacés les uns les autres dans notre œil, sans lui causer la plus légère impression de douleur, malgré la vitesse inconcevable dont ils viennent le frapper.

Il vous est arrivé fort souvent de voir dans la campagne la lumière d'une chandelle qui brûlait à une lieue au moins de vous. En traçant un cercle autour de cette chandelle, à la distance où vous en étiez, il est clair que de tous les points de ce cercle on aurait pu la voir, et à plus forte raison de tous les points de l'étendue qu'il renferme. Tous les points de cet espace, jusqu'à une distance pareille en-dessus et en-dessous, si le flambeau était suspendu dans les airs, seraient donc remplis de parties de lumière émanées de la flamme de la chandelle. Elle ne consume pas, dans la durée d'un clin d'œil, un globule de suif gros comme la tête d'une épingle. Ce petit globule de suif a donc fourni à la lumière une matière capable de remplir, par sa division, un globe de deux lieues de diamètre. Aussi le calcul peut-il démontrer qu'un pouce de bougie, après avoir été converti en lumière, a donné un nombre de parties plusieurs millions de fois plus grand que celui des sables que pourrait contenir la terre entière, en supposant qu'il tienne cent parties de sable dans la largeur d'un pouce. Que serait-ce donc d'un pouce de matière lumineuse infiniment plus pure, et par là susceptible d'une plus grande division ? Enfin, si un grain de musc exhale sans cesse, et de tous côtés, des particules de sa substance ; s'il les exhale pendant vingt ans, sans rien perdre sensiblement de son volume ; si un boulet de fer d'un pied de diamètre, rougi à un grand feu, laisse échapper des flots de particules enflammées et lumineuses, sans que cette effusion lui fasse perdre l'équilibre dans la plus juste balance, vous concevrez plus aisément que le soleil puisse répandre des torrents de lumière sans paraître s'affaiblir, et qu'une petite partie de sa masse lui suffise pour remplir, pendant des siècles, de sa lumière et de sa chaleur, toutes les planètes et les espaces qui lui sont soumis.

Quant à la vitesse inconcevable de ses rayons, il est prouvé qu'ils n'emploient qu'environ huit minutes pour venir de lui jusqu'à nous. Lorsque vous serez un peu plus avancé dans l'étude des cieux, je vous dirai par quelle observation on a fait d'abord cette découverte, et comment une expérience ingénieuse l'a confirmée. Il me suffit à présent de vous garantir que ce point est de nature à ne pas être plus contesté que l'existence même de la lumière.

Tout ce qui regarde les couleurs demanderait trop de détails pour vous être expliqué dans le cours de cet entretien ; nous y reviendrons dans un autre moment.

Il ne me reste donc plus qu'à vous parler de la chaleur que nous devons au soleil. C'est le plus grand et le plus sensible de ses bienfaits, puisqu'il produit le mouvement et la vie dans tout ce qui respire. Je me borne à présent à vous en montrer les effets dans la végétation.

Vous vous souvenez de l'état de langueur où gémissait la nature pendant la triste saison de l'hiver. La terre étant saisie d'un profond engourdissement, les fleurs n'osaient paraître sur

son sein, et les arbres étaient dépouillés de
tout leur feuillage. La sève qui les anime, en
circulant, comme je vous l'ai fait voir, dans
leurs troncs, leurs branches et leurs rameaux,
n'avait plus qu'un mouvement paresseux et de
défaillance qui suffisait à peine à leur conserver un reste de vie presque insensible, et tout
voisin de la mort. Le printemps est venu ré-
chauffer la terre, et soudain la sève reprenant
la liberté de son cours, la verdure s'est dé-
ployée sur toutes les plantes. Comment le soleil a-t-il produit ce changement? Je vais prendre un exemple plus près de vous, pour vous
en rendre l'explication plus aisée à concevoir.

Il n'est pas que vous n'ayez vu un de ces
animaux que les petits Savoyards portent dans
des boîtes, et qu'ils se plaisent à montrer pour
quelques pièces de monnaie aux enfants : une
marmotte, s'il faut vous dire son nom. Ces
bêtes sont très sensibles au froid : et comme il
est plus pénétrant dans les montagnes de la
Savoie, où elles ont pris naissance, afin de se
dérober à sa rigueur elles creusent dans la
terre des trous profonds, où elles restent renfermées pendant l'hiver dans un morne assou-
pissement. Rien, comme vous le voyez, ne peut
se ressembler davantage dans cet état, qu'un
arbre et une marmotte. Ils sont tous les deux
engourdis, parce que la sève de l'un et le sang
de l'autre, qui sont les principes de leur vie,

n'ont qu'une circulation embarrassée dans les tuyaux du premier et dans les veines du second par l'action du froid qui les resserre. Laissons l'arbre un moment, et ne nous occupons que de la marmotte.

Si vous étiez en voyage dans les montagnes de la Savoie, et que vous trouvassiez un de ces animaux engourdis, voici le raisonnement que vous feriez sans doute : puisque c'est le froid qui cause son engourdissement, je puis l'en retirer en lui rendant la chaleur. Mais si vous ne faisiez qu'allumer auprès de lui un feu vif et de courte durée, quand vous renouvelleriez cent fois par intervalles cette opération, l'engourdissement n'en subsisterait pas moins. Si au contraire, en allumant d'abord un petit feu vous l'augmentiez successivement, et que vous eussiez grand soin de le renouveler sans cesse avant qu'il fût tout-à-fait éteint, il n'est pas douteux que la marmotte ne sortît de sa léthargie, puisque son sang reprendrait sa fluidité. Vous la verrez bientôt étendre ses jambes, ouvrir ses yeux, secouer ses oreilles, et vous réjouir par la souplesse et la vivacité de ses mouvements.

Voilà précisément les degrés par lesquels le soleil tire la nature de l'engourdissement où elle était plongée, et la ramène à la vie. La longueur des nuits de l'hiver vous a donné lieu d'observer combien peu le soleil restait alors

sur la terre. Il venait bien l'éclairer chaque
jour; mais à peine avait-il paru quelques heures sur nos têtes, qu'on le voyait déjà s'éloigner. D'ailleurs il ne nous envoyait ses rayons
que d'une médiocre hauteur, même dans son
midi. Il n'est donc pas étonnant que la terre,
perdant la nuit le peu de chaleur qu'elle avait
reçu pendant le jour, n'en conservât pas assez
pour se ranimer. Depuis le printemps, vous
avez vu les jours s'agrandir par des progrès
plus marqués, et le soleil darder ses rayons
plus directement sur nos têtes. Peu à peu la
terre s'est dégourdie; son sein s'est réchauffé;
la sève, qui est le sang des plantes, a repris
son cours, les arbres se sont couverts de feuilles et de fleurs; et maintenant que nous sommes aux jours les plus longs de l'année, et le
soleil au plus haut point de son élévation sur
la terre, vous voyez des fruits déjà mûrs, d'autres qui tendent rapidement à le devenir.
Comme la chaleur ira toujours en augmentant
pendant l'été, les fruits qui en demandent le
plus pour mûrir trouveront à leur tour le degré qui leur est nécessaire, avant que le soleil,
qui va dès la fin de ce mois (juin) perdre de
son élévation sur nos têtes, et diminuer gra-
duellement, jusqu'à la fin de l'automne, son
cours journalier, laisse peu à peu retomber la
terre dans les horreurs de l'hiver.

Quelle idée vous passe donc par la tête en

ce moment, Charles? Je croyais tout-à-l'heure lire sur votre visage que mon explication avait le bonheur de vous satisfaire. Pourquoi venez-vous de froncer le sourcil aux dernières paroles? Auriez-vous quelques difficultés à me proposer? vous savez que je les aime. Voyons, je vous écoute. Ah! je comprends votre objection, et je vais moi-même vous la rapporter. Puisque le soleil n'a fait cesser le froid de l'hiver qu'en s'élevant plus directement sur nos têtes, et en prolongeant la durée du jour, comment la chaleur pourra-t-elle augmenter pendant l'été, puisque dès la fin de ce mois le soleil va perdre chaque jour de sa hauteur sur l'horizon, et s'en éloigner plus longtemps pendant la nuit? N'est-ce pas là ce que vous vouliez dire, seulement en termes un peu plus clairs? Fort bien. Je suis très aise que vous m'ayez proposé cette difficulté. Elle est toute naturelle. D'ailleurs elle me prouve que vous m'avez prêté une oreille attentive, et que votre esprit est déjà d'une certaine justesse de raisonnement. Je me fais un vrai plaisir de vous répondre.

Vous souvenez-vous que l'autre jour, après souper, voulant vous aller reposer à dix heures du soir sur le banc du jardin, vous trouvâtes la pierre encore si chaude, quoique le soleil eût cessé, depuis deux heures, d'y darder ses rayons, qu'il vous fut impossible de vous y asseoir? Vous voyez par là qu'un corps échauffé par le soleil peut conserver longtemps la chaleur qu'il en a reçue, bien qu'il ne soit plus exposé à ses feux. Vous concevez aussi qu'un caillou, placé sur le banc même, l'aurait bien plutôt perdue, parce que plus le corps est petit, plus elle est prompte à s'en échapper. Il vous serait aisé d'en faire l'expérience, en jetant à la fois dans un brasier un clou et une grosse barre de fer; la barre serait bien plus longtemps à se refroidir que le clou. Ainsi, si le banc de pierre a conservé pendant deux heures après le coucher du soleil une chaleur assez forte pour vous être insupportable, il est à présumer que la terre, qui est d'une masse infiniment plus grande, l'a conservée plus avant dans la nuit, et même jusqu'au lendemain au matin. Le soleil la trouvant encore échauffée, aura donc ajouté de nouveaux degrés de chaleur à ceux qu'elle avait gardés la veille; et comme avec cette plus grande quantité elle en aura encore retenu davantage la nuit suivante, la chaleur ira toujours en augmentant, soit dans son sein, soit dans l'air à qui elle se communique, jusqu'à ce que les nuits devenant beaucoup plus longues, et par conséquent plus fraîches, la terre perde enfin, dans leur durée, la plus grande partie de la chaleur qu'elle a reçue pendant le jour; ce qui arrive ordinairement au commencement de l'automne. C'est par ce moyen que les raisins, qui, mûrissant plus tard que les cerises, ont besoin d'une plus grande continuité de chaleur, la trouvent même lorsque le soleil ne darde pas si longtemps ses rayons sur leurs grappes.

C'est par la même raison que la chaleur est ordinairement plus accablante à trois heures qu'à midi, quoique le soleil soit déjà descendu pendant trois heures vers l'horizon. Cet été du jour, si j'ose ainsi parler, répond à merveille à l'été de l'année.

Après avoir parlé si longtemps des bienfaits du soleil, il vous tarde sans doute de savoir quelle place ce roi de l'univers occupe dans son empire. C'est ici, je l'avoue, que j'éprouve un peu d'embarras à vous satisfaire. Tout ce que je vous ait dit jusqu'à présent s'accordait à merveille avec vos sens et vos idées, ou du moins ne contrariait que votre inexpérience : ce qui me reste à vous annoncer contredit tout absolument; et j'ai besoin de la confiance que je vous ai inspirée pour vous préparer à changer d'opinion.

Tous les peuples de l'antiquité, même les plus éclairés, excepté un ancien philosophe et ses disciples, ont cru que le soleil tournait autour de la terre ; tous les plus grands philosophes modernes, sans exception, le croyaient aussi, il n'y a pas plus de deux cent quarante ans ; tous les enfants le croient encore aujourd'hui, sur la foi de leurs mies et de leurs bonnes ; et tout le peuple ignorant et grossier le croira toujours. Les expressions ordinaires du lever, de l'élévation et du coucher du soleil, employées dans l'usage familier, même par les astronomes, pour s'accommoder aux idées du peuple, ont contribué à entretenir cette erreur. Il faut convenir que le premier témoignage de nos yeux lui est favorable. Comment se douter que la terre tourne autour du soleil, tandis qu'on le voit au niveau de nos pieds le matin, à midi sur nos têtes, le soir encore à nos pieds, et qu'il doit, selon toute apparence, se trouver la nuit par-dessous ? Mais dites-moi, je vous prie, si vous n'aviez pas vu les arbres trop bien affermis sur le rivage pour bouger légèrement, n'auriez-vous pas cru mille fois, en descendant la rivière dans un bateau, que les uns s'enfuyaient derrière vous, et que les autres accouraient à votre rencontre ? Lorsqu'on faisait faire un demi-tour au bateau pour aborder, n'auriez-vous pas cru que le rivage lui-même tournait autour de vous, si vous ne l'aviez pas jugé plus tenace encore que les arbres ! Vous sentez donc que nos yeux peuvent nous en imposer sur les apparences des choses. Il était peut-être permis d'en être dupe avant l'invention du télescope. Les anciens, ignorant la véritable grandeur du soleil et la jugeant beaucoup moins considérable que celle de la terre. s'applaudissaient de leur sagesse en le faisant tourner autour d'elle. Mais si la terre est plus de quatorze cent mille fois plus petite, comme cela est démontré sans réplique, ne serons-nous pas plus sages, à notre tour, de la rendre immobile au centre de notre monde, et de la faire tourner dans l'espace d'une année autour de lui, en tournant chaque jour sur elle-même? Si nous devons nous former les idées les plus simples de l'ordre de la nature, que diriez-vous d'un architecte qui aurait la bizarrerie de construire la cheminée de la cuisine de manière que le foyer tournât autour du gigot que l'on voudrait faire cuire à la broche! Mais de plus, il est certain, par des observations invariables, que c'est le gigot qui tourne devant le foyer; je veux dire la terre autour du soleil. Je vous en promets les preuves les plus évidentes quand vous serez un peu plus en état de les saisir. Tout ce que je vous demande à présent est de vous prêter du moins à ce système comme à une supposition, pour me mettre en état de vous conduire aux preuves qui doivent en établir dans votre esprit l'incontestable vérité.

Je croyais avoir terminé la partie la plus difficile de mon entreprise : mais voilà des étoiles qui viennent me jeter dans un nouvel embarras. Puisque nous sommes sur le chemin des grandes vérités, il faut aller plus loin, et vous dire que cette voûte céleste ne tourne pas plus que

le soleil autour de la terre, et que c'est la terre
au contraire qui, tournant sur elle-même en
vingt-quatre heures, s'imagine que les étoiles
font dans le même temps cette révolution. Cela
serait aussi un peu trop exigeant de sa part ;
car il faudrait, pour obéir ponctuellement à
ses ordres, qu'elles fissent quarante-neuf millions de lieues par seconde ; ce qui surpasse
tant soit peu la plus grande vitesse de nos chemins de fer. Si la terre a besoin de la chaleur
et de la lumière du soleil, il est de toute bien-
séance qu'elle se donne la peine de tourner
autour de lui et sur elle-même pour les recevoir ; d'autant mieux que, par la même occasion, et sans faire sa pirouette plus vite, elle
peut jouir du plaisir de promener successivement ses regards sur la douce illumination des
étoiles, bien qu'elles lui soient tout-à-fait
étrangères.

Mais je commence à sentir que la soirée devient un peu fraîche. Je crois qu'il serait à
propos de rentrer au logis pour continuer cet
entretien.

Nous voilà un peu remis de la fatigue de notre promenade. Sonnez, je vous prie, Henri,
pour qu'on nous donne des lumières ; et vous,
Charlotte, apportez ici votre globe.

Je vous ai dit que le soleil demeure toujours
constamment à la même place, et que la terre
décrit un grand cercle autour de lui chaque

année, en tournant chaque jour sur elle-même. Il vous paraît difficile de concevoir qu'elle puisse se livrer à ces deux mouvements à la fois. Comment donc? qui vous empêcherait de tourner tout autour de la chambre en pirouettant? Si vous faisiez ce tour en trois cent soixante-cinq pirouettes, le grand cercle que vous décririez représenterait le mouvement annuel de la terre, et chaque pirouette son mouvement journalier. Si ce flambeau était placé au milieu du cercle, n'est-il pas vrai qu'à chaque demi-pirouette vous le verriez ou le perdriez de vue, selon que vous lui tourneriez le visage ou le dos? Cette alternative peut vous donner une idée de la manière dont la terre reçoit tour-à-tour la lumière du jour et l'obscurité de la nuit. Appliquons cette expérience à notre globe. Je vais piquer une épingle blanche sur cette moitié qu'il présente au flambeau, et une épingle noire sur l'autre, qu'il lui dérobe. Si je tourne le globe, cette partie où est l'épingle noire, et qui est maintenant dans l'obscurité, va s'éclairer; et celle où est l'épingle blanche, et qui est maintenant éclairé, va se cacher dans l'obscurité. C'est une image fidèle de ce qui arrive à la terre chaque jour et chaque nuit. Chaque pays, à mesure qu'il se tourne vers le soleil, reçoit la lumière de ses rayons, et, à mesure qu'il s'en détourne, rentre dans l'obscurité des ténèbres. Par ce moyen, toutes les parties de la terre ont, l'une après l'autre, la chaleur du jour pour les échauffer et mûrir leurs productions, et les douces rosées de la nuit pour humecter le sol brûlant et l'air embrasé, rafraîchir les plantes, les animaux et les hommes. Les parties de la terre qui sont représentées autour de ces deux points où la branche de fer qui traverse le globe en sort des deux côtés, sont appelées les pôles du Sud et du Nord. Ce sont des places très froides, attendu que le soleil ne s'y laisse pas voir pendant plusieurs mois ; mais en revanche, après cette longue nuit, on est plusieurs mois sans le perdre de vue ; en sorte que l'année se partage, pour les habitants de ces lieux, en un seul jour de six mois et une seule nuit de la même durée. On vous en fera sentir la raison lorsque vous apprendrez à connaître en détail les usages du globe. Vous plaignez les pauvres gens qui vivent dans ces contrées : en effet, le séjour du pays que nous habitons me paraît infiniment préférable. Je vous dirai seulement, afin d'adoucir les regrets que leur sort vous inspire, que l'absence du soleil n'est pas un si grand malheur pour eux qu'il le serait pour nous, s'il venait tout-à-coup à nous priver pendant six mois de ses bienfaits. Les productions de ces contrées sont différentes de celles de notre pays, et sont formées par la nature de manière à croître sous ce climat. Les habitants sont peut-être aussi heureux que nous avec des plaisirs différents. Ils travaillent d'un grand courage pendant leur été, à dessein de ramasser des provisions pour leur hiver ; et alors ils dansent et chantent à la lueur de leurs torches, comme nos gens de la campagne aux doux rayons du soleil.

Je crois lire sur votre physionomie, Henri, que vous n'êtes pas bien pleinement satisfait de ma démonstration. Voyons, je serai bien aise de savoir ce qui vous embarrasse. Oh ! je m'en doutais. Vous pensez que si la terre tourne ainsi sur elle-même, les gens qui sont sous nos pieds, de l'autre côté du globe, doivent s'éloigner d'elle et tomber vers les cieux qui l'enveloppent de toutes parts. Je me réjouis de ce que vous m'avez fait connaître vos doutes, pour me mettre en état de les dissiper. Supposons que ce globe, au lieu d'être de carton, est d'aimant, comme la petite pierre que je vous ai donnée : n'est-il pas vrai que si vous lui présentez un morceau de fer, soit en haut soit en bas, il ne manquera pas de l'attirer, et que le globe d'aimant aura beau tourner sur lui-même, le morceau de fer ne s'en détachera plus, soit que la partie à laquelle il tient s'élève ou s'abaisse ? Il est vrai, dites-vous ; mais c'est parce que l'aimant attire le fer. Eh bien ! mon petit ami, vous venez de résoudre vous-même la difficulté. Nous sommes portés vers la terre par une force d'attraction, comme le fer est porté vers l'aimant. Il n'y a pas d'autre en-bas pour le fer que le centre de la boule d'aimant vers lequel il est attiré ; comme il n'y a d'autre en-bas pour nous que le centre de la terre qui nous attire. Vous aurez donc beau faire tourner le globe, nous serons toujours sur nos pieds, tant qu'ils seront dirigés vers le centre de la terre, comme ils le sont sur chaque point de sa surface. Posez une aiguille sur votre aimant, et faites-le tourner ensuite entre vos doigts. Voilà l'aiguille en-dessous ; cependant elle ne tombe point. Essayez de l'en séparer, elle résiste. Vous en êtes pourtant venu à bout. Rendez-lui maintenant sa liberté, elle retourne à l'aimant, et, quoique de bas en haut, retombe vers lui. Il en serait de même dans cette partie de globe que vous appelez en-dessous. Si je vous séparais de la terre, et que je vous abandonnasse à vous-même, vous y retomberiez comme ici. L'aiguille n'a pas de vie, et par conséquent ne peut se mouvoir autour de l'aimant ; ainsi une pierre inanimée ne se meut pas d'elle-même sur la terre. L'homme et les animaux, qui sont vivants, peuvent au contraire se mouvoir sur le globe, malgré la force qui les porte vers son centre, parce qu'étant également éloignés de ce point, une partie de la surface ne les attire pas plus que l'autre. Lorsque je monte à cheval, je ne laisse pas que d'être toujours attiré vers la terre; mais je n'y tombe point, parce que le corps du cheval, en me soutenant, m'en sépare, et qu'il m'est impossible de tomber à travers un cheval; mais si un de ses soubresauts me fait perdre la selle, je tombe à terre immédiatement.

Vous vous étonnez de ce que nous ne sentons pas le mouvement de la terre : je vous dirai d'abord que, quoiqu'elle soit emportée d'un cours très rapide, ce mouvement doit nous paraître insensible, parce que ne trouvant point de résistance, elle ne doit point éprouver de secousse, et qu'il nous est souvent arrivé de ne point sentir le mouvement d'un bateau, lorsqu'il suit le fil du courant. D'ailleurs pensez-vous qu'un citron posé sur une boule aussi grosse que le Louvre, qui tournerait sans cahotement sur elle-même, pût sentir cette rotation? Je ne le crois pas. Comme rien ne changerait autour de lui, et que tous les objets à la portée de sa vue resteraient à la même place sur la boule, il devrait naturellement la juger immobile. Nous devons, par la même raison, ne pas nous apercevoir du mouvement de notre globe, tout ce qui nous environne sur sa surface étant emporté de la même vitesse que nous-mêmes.

XXVIII. — LA LUNE.

En vous faisant tourner vos pensées vers les cieux, je ne dois pas oublier de vous parler de la lune, compagne fidèle de la terre, qui tourne autour d'elle, en la suivant dans sa course autour du soleil, et l'éclaire en l'absence du jour. Elle n'est pas un globe de feu comme le soleil; mais elle reçoit de lui toute la lumière qu'elle envoie vers nous. On suppose qu'elle est à peu près de la même nature que la terre sur laquelle nous vivons, mais cinquante fois plus petite. Ses habitants, s'il est vrai qu'elle soit peuplée, reçoivent comme nous la lumière du soleil, et retirent les mêmes avantages de sa chaleur et de ses rayons vivifiants. Si nous étions transportés sur sa surface, la terre, de ce point, nous paraîtrait comme une lune, excepté seulement qu'elle serait beaucoup plus grande, et par conséquent elle nous réfléchirait avec plus d'éclat les rayons qu'elle reçoit du soleil. La terre et la lune ont, l'une et l'autre, trop d'épaisseur pour que le soleil puisse les traverser de sa lumière; il ne peut qu'en faire briller la surface, comme le flambeau fait briller la surface de tous les objets qu'il éclaire, et qui, sans lui, se déroberaient à nos regards dans la profondeur des ténèbres.

Supposons que ce flambeau soit le soleil, ce

globe la lune, et que votre tête, Henri, soit la
terre. Tandis que la terre tourne autour du
soleil, la lune tourne autour de la terre, et à
peu près dans le même plan. Il est donc clair
que tantôt la lune doit se trouver entre le so-
seil et la terre, et tantôt la terre entre le soleil
et la lune. Il est facile de vous représenter ces
mouvements. Plaçons d'abord la lune entre le
soleil et la terre, c'est-à-dire le globe entre le
flambeau et vous. Telle est la situation de la lune, lorsqu'elle est nouvelle. Toute la moitié du
globe éclairée par le flambeau est tournée vers
lui; ainsi vous ne pouver l'apercevoir. Toute
la moitié obscure est tournée vers vous; ainsi
vous ne pouvez pas la voir davantage. Aussi la
lune nouvelle se dérobe-t-elle toujours à nos
yeux.

Si je détourne un peu le globe à votre gauche, vous commencez à en apercevoir une petite partie éclairée, sous la forme d'un croissant qui s'agrandit peu à peu, jusqu'à ce que
le globe soit parvenu à un quart du cercle que
je lui fais décrire autour de vous. Tournez la
tête sur votre épaule gauche, vous voyez déjà
la moitié de sa moitié qui est éclairée; voilà le
premier quartier.

Ce quartier s'agrandit par degrés à son tour,
jusqu'à ce que le globe soit parvenu derrière
vous. Tournez le dos au flambeau, vous voyez
toute la moitié du globe éclairée, parce que

toute cette moitié est tournée vers vous en même temps qu'elle regarde le flambeau ; c'est ce qu'on appelle pleine lune.

Tandis que le globe continue son cercle, sa moitié éclairée décroît peu à peu à vos yeux de la même manière qu'elle s'est agrandie ; ce qui produit ce qu'on nomme le décours de la lune. Vous voyez encore le globe se présenter aux trois quarts de sa moitié éclairée, puis à la moitié de cette moitié ; voilà le premier quartier.

Vous voyez ce quartier ne former bientôt qu'un croissant, et enfin se dérober à vos regards, lorsque le globe redevient nouvelle lune, c'est-à-dire dès qu'il revient au point d'où il est parti, quand je lui ai fait commencer à décrire son cercle autour de vous, c'est-à-dire entre le flambeau et votre tête.

La lune emploie vingt-sept jours sept heures quarante-trois minutes à tourner autour de la terre, et un pareil espace de temps à tourner sur elle-même. C'est pour cela qu'elle présente toujours la même face à la terre. On vous en fera sentir un jour la raison.

XXIX. — LES ÉCLIPSES.

Les éclipses de soleil et de lune, que j'ai toujours pris soin de vous faire observer, sont occasionnées par cette révolution de la lune autour de la terre.

Le soleil est éclipsé à nos yeux lorsque la lune se trouve exactement entre lui et la terre. Par ce que je viens de vous démontrer, vous comprenez aisément que les éclipses de soleil ne peuvent arriver que dans la nouvelle lune, parce que c'est le seul temps où la lune soit entre le soleil et la terre.

La lune est éclipsée à nos yeux lorsque la terre se trouve entre elle et le soleil; et vous sentez également que les éclipses de lune ne peuvent arriver que lorsqu'elle est à son plein, parce que c'est le seul temps où la terre se trouve entre le soleil et la lune.

Chaque nouvelle lune amènerait une éclipse de soleil, et chaque pleine lune une éclipse de lune, si le soleil, la lune et la terre, ou le soleil, la terre et la lune se trouvaient toujours alors exactement dans la même ligne; mais comme la lune se trouve tantôt au-dessus, tantôt au-dessous de cette direction, les éclipses ne peuvent arriver à chaque lune pleine ou nouvelle.

Supposons encore que le flambeau, le globe et votre tête, Henri, représentent les mêmes objets que tout à l'heure; je puis aisément vous faire une éclipse de soleil en plaçant le globe, qui est la lune, entre le flambeau qui est le soleil, et votre tête qui est la terre, puisque vous vous trouvez alors tous les trois dans la même ligne, et que le globe vous cache le flambeau. Mais si j'élève un peu le globe au-dessus de cette direction, il se trouvera bien entre le flambeau et vous, mais il ne pourra vous le cacher, puisque vous cessez d'être tous les trois dans la même ligne, et que l'ombre du globe passe au-dessus de votre tête.

Je n'ai pu vous donner ici qu'une image imparfaite et grossière, soit de la révolution de la terre autour du soleil et de celle de la lune autour de la terre, soit des éclipses qui en résultent, parce qu'il aurait fallu prendre les choses de plus loin. Dans nos entretiens suivants, vous y trouverez des détails plus exacts et plus étendus sur ces phénomènes, et vous en sentirez en même temps les causes et les effets. C'est là que vous apprendrez comment tout se combine et s'accorde dans la marche invariable des corps célestes; comme l'homme a su démêler toute la complication de leurs mouvements, et les calculer avec précision; par quel mélange de conjectures ingénieuses, d'analogies sensibles et d'observations sûres il a su tracer leurs cours, mesurer leurs distances, et déterminer jusqu'à leurs influence mutuelles dans leur immense éloignement.

XXX — LES PLANÈTES.

La terre n'est pas le seul corps qui fasse une révolution autour du soleil pour en recevoir la lumière. Il en est d'autres qu'on nomme planètes, comme elle, c'est-à-dire astres errants, parce que, malgré la régularité de leurs mouvements, ils changent continuellement de place, soit entre eux, soit par rapport aux étoiles fixes, dans la course qu'ils font autour du soleil, placé au milieu des orbites qu'ils parcourent les uns au-dessus des autres.

On compte sept planètes principales, dont voici l'ordre : Mercure, Vénus, la Terre, Mars, Jupiter, Saturne, et la planète d'Herschell, découverte il y a peu d'années, par cet astronome, dont on lui a donné le nom. Nous allons les parcourir successivement.

MERCURE.

Mercure, la planète la plus voisine du soleil, et la plus petite de toutes, est celle dont la révolution se fait en moins de temps. Elle n'y emploie que quatre-vingt-huit jours.

Elle est quinze fois moins grosse que la terre, et sa moyenne distance en est de trente-quatre millions trois cent cinquante-sept mille quatre cent quatre-vingts lieues. On n'a pu découvrir encore si Mercure tourne sur lui-même, tandis qu'il tourne autour du soleil. Quoiqu'il brille plus que les autres planètes, il est plus difficile de le voir, parce que la trop grande proximité de l'astre de la lumière fait qu'il est presque toujours perdu dans l'éclat de ses rayons. On ne le voit que comme un point obscur sur la face du soleil.

VÉNUS.

Vénus, que nous appelons tour à tour, par excellence, l'étoile du matin et du soir, se voit un peu avant le lever du soleil, ou un peu avant son coucher. Sa juste proximité de l'astre du jour, et les inégalités de sa surface, propres à réfléchir de tous côtés la lumière qu'elle en reçoit, la font scintiller comme les étoiles. Elle est plus petite d'un neuvième que la terre, et sa distance moyenne en est, comme celle de Mercure, de trente-quatre millions trois cent cinquante-sept mille quatre cent quatre-vingts lieues. Le temps de sa rotation sur elle-même est de vingt-trois heures vingt minutes, et celui de sa révolution autour du soleil de deux cent vingt-quatre jours quinze heures. Avec une lunette de seize pieds on la voit trois fois plus grande que la lune dans son plein, à la simple vue. Vous apprendrez un jour avec autant de plaisir que de surprise de quelle utilité pour nous est l'observation de son cours.

LA TERRE.

Je vous ai déjà parlé de la révolution que la terre fait autour du soleil ; il me suffira d'ajouter qu'elle y emploie trois cent soixante-cinq jours cinq heures quarante-neuf minutes, tandis qu'elle emploie vingt-quatre heures à tourner sur elle-même, c'est-à-dire à présenter successivement au soleil les différentes parties de sa surface. On estime sa distance moyenne du soleil trente-quatre millions trois cent cinquante-sept mille quatre cent quatre-vingts lieues, et sa distance moyenne de la lune, quatre-vingt-six mille trois cent vingt-quatre lieues (1).

Quant à sa mesure, on compte qu'elle a deux mille huit cent soixante-cinq lieues de diamètre, c'est-à-dire d'un point de la surface à un autre, en passant par le centre, et neuf mille lieues de circonférence ou de tour.

Pour ce qui regarde sa figure, et les mesures que l'on a prises pour la déterminer, ainsi que sa distance des corps célestes, la vicissitude des saisons qu'elle éprouve, l'inégalité de ses jours et de ses nuits, etc., tout cela, dis-je, vous sera expliqué, et l'on tâchera de vous le présenter de la manière la plus propre à vous intéresser, soit par le choix des images et des comparaisons empruntées des objets les plus sensibles, et qui vous sont les plus familiers.

MARS.

Mars est beaucoup moins gros que la terre, puisqu'il n'a que les trois cinquièmes de son diamètre. Il parcourt son orbite autour du soleil en une année trois cent vingt-un jours vingt-

(1) Il est nécessaire de prévenir que les lieues dont on parle dans toute la suite de cet entretien sont de 2283 toises, ou de 25 au degré

trois heures et demie, et tourne sur lui-même en vingt-quatre heures quarante minutes. Sa distance moyenne de la terre est de cent cinquante-deux millions trois cent cinquante mille deux cent quarante lieues. Il est un point de son orbite où il se trouve de soixante-huit millions de lieues plus près de nous que dans le point opposé; aussi paraît-ils alors presque sept fois plus gros que dans son plus grand éloignement. On y découvre quelquefois des bandes, les unes obscures, qui absorbent les rayons du soleil, les autres claires, mais qui nous renvoient une lumière rougeâtre. Dans sa plus grande et sa plus petite distance de la terre, il nous présente une de ses moitiés éclairée tout entière par le soleil; mais dans ses quartiers, on le voit s'agrandir et décroître comme Vénus, toutefois sans reparaître jamais, comme elle, sous la forme d'un croissant; ce qui sera facile à vous expliquer.

JUPITER.

Jupiter, la plus considérable des planètes, est treize cent fois environ plus gros que la terre. Il tourne sur lui-même en neuf heures cinquante-six minutes, et emploie onze ans et trois cent quinze jours huit heures à faire sa révolution autour du soleil. Sa distance moyenne de la terre est de cent soixante dix-huit millions six cent quatre-vingt-douze mille cinq cent cinquante lieues. Il est accompagné de quatre lunes, qu'on appelle satellites, qui font leur révolution autour de lui, comme la lune autour de la terre. Ces satellites sont sujets entre eux, et de la part de leur planète, à plusieurs éclipses qui ont été du plus grand secours pour avancer les progrès de la géographie, et pour déterminer la nature du mouvement de la lumière et les degrés de sa vitesse, ainsi que vous le verrez un jour, avec d'autres particularités fort curieuses concernant cette planète.

SATURNE.

Saturne, jusqu'à la découverte de la planète d'Herschell, a passé pour la planète la plus éloignée de nous ainsi que du soleil. Sa révolution autour de lui est de vingt-neuf années et cent soixante-dix-sept jours. Il est environ mille fois p us gros que la terre, et sa distance moyenne en est de trois cent vingt-sept millions sept cent quarante-huit mille sept cent vingt lieues. On n'a pu encore découvrir de lui, non plus que de Mercure, s'il a un mouvement de rotation sur lui-même; il a, comme Jupiter, des satellites qui l'accompagnent, au nombre de cinq, que l'on a découverts successivement. Outre ses satellites, Saturne est environné d'un anneau qui lui forme une large ceinture, mais sans le toucher en aucun point, puisqu'à travers l'intervalle qui les sépare on peut apercevoir des étoiles fixes. Cet anneau, suivant les différentes positions qu'il prend autour de Saturne, le fait paraître à nos yeux sous divers aspects singuliers dont on aura soin de vous donner la peinture et l'explication.

LA PLANÈTE D'HERSCHELL.

Cette planète vient de faire perdre à Saturne le poste qu'on lui supposait aux dernières limites du monde planétaire. C'est elle qui renferme à présent toutes les autres planètes, et Saturne lui-même, dans son immense orbite. C'est le 13 et le 17 mars 1781 que M. Herschell l'a observée à Bath, ville d'Angleterre. Confondue parmi les étoiles fixes, il ne l'a reconnue que par son mouvement qui est d'une extrême lenteur. Sur ce qu'on a pu observer dans une très petite partie de son cours, on la suppose deux fois plus éloignée du soleil que Saturne, et sa révolution autour de lui de près de quatre-vingt-dix ans. La ressemblance de sa lumière avec celle des plus petites étoiles avait fait méconnaître son véritable caractère ; et nous ne la devons qu'aux observations infatigables de M. Herschell, et à la bonté de ses instruments qu'il fabrique lui-même avec une constance et un génie qui lui ont valu un nom dans les cieux.

La découverte de cette planète jettera sans doute un nouveau jour sur notre système, en reculant ses bornes si avant dans la profondeur de l'espace.

XXXI. — LES COMÈTES.

Au-delà des planètes dont nous venons de parler, roulent encore d'autres grands corps, dépendant comme elles de l'empire du soleil, qui viennent se montrer à nos yeux et y demeurent souvent exposés quelques mois, puis ensuite se dérobent à notre vue, la plupart pour des siècles à cause de l'éloignement immense où ils se perdent dans une partie de leur cours. Ces corps errants, à peu près de la grosseur de notre globe, sont appelés comètes.

Suivant les meilleures observations qu'on ait faites jusqu'à présent, le mouvement des comètes semble être sujet aux mêmes lois par lesquelles les planètes sont gouvernées. Les orbites que les unes et les autres décrivent autour du soleil sont des ovales ou des ellipses, avec cette différence toutefois que l'ovale de l'orbite des planètes se rapproche beaucoup d'un cercle parfait, au lieu que celui de l'orbite des comètes est excessivement allongé, qu'elles paraissent se mouvoir presque en ligne droite, et tendre directement vers le soleil.

Il suit de là que lorsqu'elles sont le plus près
de cet astre, soumises à la plus grande force
de son attraction, et par là même acquérant
plus de vitesse pour s'en éloigner, comme on
vous expliquera dans la suite, il suit de là,
dis-je, que leur cours doit être alors infiniment
plus accéléré que lorsqu'elles en sont à leur
plus grande distance. C'est la raison pour laquelle les comètes font un séjour de si courte
durée parmi nous, et que lorsqu'elles s'en éloi-
gnent elles sont si longtemps à reparaître. Une
autre différence qui les distingue des planètes,
c'est que celles-ci ont toutes un mouvement
commun qui les emporte d'occident en orient,
et que les comètes, au contraire, n'ont point
de direction uniforme, les unes allant d'orient
en occident, les autres vers le nord ou vers le
midi. Celle qui parut en 1707 allait presque directement du midi au nord, d'un pôle à l'autre;
mais, sur la fin, elle paraissait retourner du
nord au midi, et de là tendre, par une route
oblique, de l'occident vers l'orient.

Les comètes se distinguent enfin des planètes
par une longue traînée de lumière qui les ac-
compagne, toujours étendue dans une direction
opposée au soleil, et qui semble prendre la
forme d'une queue, d'une barbe ou d'une che-
velure, suivant les différentes positions où la
comète se trouve autour de lui et par rapport
à nous. Comme à mesure qu'elle en approche

ou qu'elle s'en éloigne, on voit cette traînée de lumière s'accroître ou diminuer ; l'opinion la plus générale est qu'elle est formée par des vapeurs très subtiles que la chaleur du soleil fait exhaler du corps de la comète. Celle de 1860 n'étant éloignée du soleil que d'environ deux cent mille lieues, sa queue fut la plus longue qu'on ait encore observée. Newton a démontré que cette comète dut éprouver un degré de chaleur deux mille fois plus grand que celui d'un fer rouge, et vingt-huit mille fois plus grand que celui de nos jours brûlants d'été, à l'heure de midi.

Ces vapeurs si subtiles que, dans leur transparence, elles laissent entrevoir les étoiles fixes, ne suivent point les comètes dans le reste de leur cours ; mais à mesure qu'elles se répandent dans les régions célestes, elles sont, suivant Newton, attirées par les planètes, et servent à nourrir leur atmosphère. Les comètes, à leur tour, soumises dans chaque nouvelle révolution à une attraction plus puissante de la part du soleil, se rapprochent de plus en plus de son atmosphère, et finissent par y être englouties pour réparer les pertes qu'il fait par l'émission de sa lumière.

Les anciens ne voyant dans les comètes que des vapeurs et des exhalaisons élevées jusqu'à la région supérieure de l'atmosphère terrestre, et enflammées par l'action des vents, ne sou-

geaient guère à faire des recherches suivies
sur leurs périodes. Aussi n'avons-nous pu re-
cucillir que des notions très imparfaites. En
moins d'un siècle et demi les astronomes modernes on fait sur les comètes plus d'observations que n'en avait pu fournir toute l'antiquité. La science sur cet objet est cependant encore toute nouvelle. Le retour de la comète
de 1682 en 1759, suivant les prédictions de
Halley et de Cassini, et les savants calculs de
MM. Clairaut et de Lalande, a bien fait connaître que sa révolution autour du soleil était
de soixante-quinze ans et demi, à quelques
inégalités près, occasionnées par l'action que
Jupiter et Saturne exercent sur elle, puisqu'elle avait déjà été observée en 1607, 1532, 1456.
On a aussi des observations exactes sur plus
de soixante comètes; mais s'il est vrai, comme
le conjecture M. de Lalande, qu'il y en avait
plus de trois cents dans notre système solaire,
combien de temps ne faut-il pas encore pour
que l'on ait été à portée d'en déterminer le
nombre, d'en calculer la masse, la distance et
l'orbite, d'en démêler le mouvement et les
nœuds, et d'établir la durée invariable de leurs
révolutions! Celle de 1608, que M. Jacques
Bernouilli avait cru devoir reparaître en 1719,
a trompé les calculs de cet habile géomètre.
Peut-être en faudra-t-il revenir à l'opinion de
M. Halley, qui lui donne une période de cinq

cent soixante-quinze ans, et la fait remonter, par une suite de révolutions régulières, dont les quatre dernières sont déjà connues, jusqu'à l'année précise du déluge universel. C'est dans l'année 2255 que l'on pourra s'assurer si tel est en effet le temps de sa période.

D'après les observations faites sur sa forme, sa grandeur et sa route, par tous les savants de l'Europe, à son dernier passage, il ne sera pas difficile de la distinguer de toute autre, s'il en paraissait dans la même année, surtout si les observations diverses que l'on aura occasion de faire dans l'intervalle ont fait prendre à l'astronomie, sur la théorie des comètes, le degré d'avancement que l'on doit naturellement espérer.

La comète de 1680, dans un point de son passage, s'approcha de si près d'une partie de l'orbite de la terre, que si la terre se fût trouvée alors dans cette partie, sa distance de la comète n'eût pas été plus grande que la distance où elle est de la lune, et qu'elle aurait vraisemblablement souffert de ce voisinage. Celle de 1796, arrivée un mois plus tard, aurait produit un bouleversement terrible dans les eaux de la mer. Huit autres comètes passent dans leurs orbites assez près de notre globe pour lui faire craindre le même sort. Quelle idée ne devons-nous pas prendre, à cet aspect, de la sagesse qui règne dans l'ordre sublime de l'univers! Le moindre dérangement produit dans la combinaison des attractions mutuelles du soleil et des corps dont il est le centre; un seul de ces corps arrêté pour un instant dans son cours, suffirait pour replonger tout notre monde dans le chaos, et entraîner peut-être la ruine des mondes innombrables qui nous environnent. Cependant cet équilibre admirable se soutient depuis des milliers d'années, et chaque instant de sa durée semble ajouter à sa solidité, en nous montrant la main de Dieu qui veille sans cesse à l'entretenir. Cherchons à lire sur le front des étoiles des caractères bien plus frappants encore de sa magnificence et de sa grandeur.

XXXII. — LES ETOILES FIXES.

Les étoiles fixes sont ces astres étincelants et lumineux qui, dans la sérénité d'une belle nuit, nous paraissent répandus de tous côtés dans les régions de l'espace céleste. On les appelle fixes, parce qu'on a remarqué qu'elles gardaient toujours entre elles la même distance, depuis l'origine des siècles, sans avoir aucun des mouvements observés dans les planètes. Elles doivent être placées à un éloignement bien prodigieux, puisque non-seulement Saturne, dont la distance de la terre est de près

le trois cent vingt millions de lieues, les éclipse, mais encore que le télescope, qui grossit
deux cent fois le disque apparent de Saturne,
en produisant le même effet sur les étoiles, ne
nous les présente cependant que comme un
point presque imperceptible, parce qu'il les
dépouille en même temps de ce rayonnement
et de cette scintillation sans lesquels elles seraient invisibles à nos regards ; en sorte que
l'on soupçonne la distance de Sirius, la plus
brillante des étoiles fixes, et à qui l'on donne
un diamètre de trente-trois millions de lieues,
capable, s'il était entre la terre et le soleil, de
remplir l'intervalle qui les sépare, et de les
toucher presque l'un et l'autre par ses points
opposés, d'être quatre cent mille fois plus
grande que celle de la terre au soleil (1).

Une autre preuve de l'éloignement incompréhensible des étoiles fixes, c'est que, quoiqu'en
un temps de l'année, la terre, dans un point de
son orbite, soit d'environ soixante-six millions
de lieues plus près de certaines étoiles fixes

(1) Telle est aussi l'opinion de M. Euler. Quelque prodigieuse, dit-il, que nous paraisse la distance du soleil,
dont les rayons nous parviennent cependant en huit
minutes, l'étoile fixe la plus près de nous en est pourtant plus de quatre cent mille fois éloignée que le soleil.
Un rayon de lumière qui part de cette étoile emploiera
donc un temps de quatre cent mille fois huit minutes à
parvenir jusqu'à nous ; ce qui fait cinquante-trois mille

que dans le point opposé, cependant, malgré ce rapprochement considérable, la grandeur ou la position de ces étoiles n'en est pas variée; de manière que cet immense orbite n'est qu'un point dans la mesure de la distance et que nous pouvons toujours nous supposer dans le même centre des cieux, puisque nous avons toujours le même aspect sensible des étoiles, sans aucune altération.

Si un homme pouvait se placer aussi près de quelque étoile fixe que nous le sommes du soleil, il verrait sans doute cette étoile de la même forme que le soleil paraît à nos yeux; et le soleil, à son tour, ne lui paraîtrait pas plus grand que nous ne voyons actuellement cette étoile; et en comptant de là les étoiles fixes les plus reculées, il ferait entrer notre soleil dans leur nombre, sans être capable de le distinguer.

Il est évident par là que toutes les étoiles fixes sont autant de soleils qui brillent par leur lumière propre et naturelle. Des corps qui ne feraient que nous réfléchir une lumière emprun-

trois cent trente-trois heures, ou deux mille deux cent vingt-deux jours, à peu près six ans. Il y a donc six ans que les rayons de l'étoile fixe, même la plus brillante, et probablement la plus proche, qui entrent dans nos yeux pour y présenter cette étoile, en sont partis, et ont employé un temps si long pour parvenir jusqu'à nous.

tée n'auraient, à une distance si prodigieuse, ni scintillation ni rayonnement, puisque la lune, qui n'est éloignée de nous que d'environ quatre-vingt-six lieues, n'en a point; et il nous serait impossible de les apercevoir, puisque les satellites de Jupiter et de Saturne sont invisibles à la simple vue..

Nous n'avons aucune raison de supposer, dit le célèbre d'Alembert, que les étoiles soient dans une même surface sphérique du ciel; car sans cela elles seraient toutes à la même distance du soleil et différemment distantes entre elles, comme elles nous le paraissent. Or, pourquoi cette régularité d'une part et cette irrégularité de l'autre? Il me paraît en effet plus raisonnable de penser qu'elles sont répandues de toutes parts dans l'espace illimité du grand univers, et qu'il peut y avoir un aussi grand intervalle entre elles, dans la profondeur reculée des cieux, qu'entre notre soleil et une étoile fixe. Si elles nous paraissent de différentes grandeurs, ce n'est peut-être pas qu'elles soient ainsi réellement; c'est qu'elles sont à des distances inégales de nous : celles qui sont plus proches surpassent en éclat et en grandeur apparente celles qui sont plus éloignées, dont la lumière par conséquent doit être moins vive, et qui doivent paraître plus petites à nos regards.

Les astronomes distribuent les étoiles en différentes classes. Celles qui nous paraissent les plus grandes et les plus brillantes sont appelées étoiles de première grandeur. Celles qui en approchent le plus pour l'éclat et la masse sont appelées étoiles de la seconde grandeur, et ainsi de suite jusqu'à ce que nous arrivions aux étoiles de la sixième grandeur, qui sont les plus petites qu'on puisse observer à la simple vue.

Il y a un grand nombre d'étoiles qu'on découvre à l'aide du télescope; mais elles ne sont point rangées dans l'ordre des six classes, et on les appelle seulement étoiles télescopiques. On n'y a pas fait entrer non plus celles qui ne sont distinguées qu'avec peine, et qui paraisseut sous la forme de petits nuages brillants. On les appelle étoiles nébuleuses. On croit que ce sont des amas de petites étoiles fort éloignées.

Les anciens astronomes, afin de pouvoir distinguer les étoiles par rapport à leur position respective, ont divisé tout le firmament en constellations ou assemblages d'étoiles, composées de celles qui sont près l'une de l'autre. On les rapporte à la forme de quelques animaux, tels que des lions, des serpents, des ours, ou à l'image de quelques objets familiers, comme une couronne, une harpe, un triangle, et on leur en donne le nom, quoiqu'elles ne présentent nullement ces figures.

Les anciens avaient arrangé ces constellations dans les cieux, soit pour se retracer le cours des travaux de l'agriculture, soit pour conserver le souvenir d'un événement mémorable, soit pour éterniser le nom de leurs héros, soit enfin pour consacrer les fables de leur religion. Les astronomes modernes leur ont continué les mêmes noms et les mêmes formes, pour éviter la confusion où l'on tomberait en leur en donnant de nouveaux, lorsqu'il s'agirait de comparer les observations modernes avec les anciennes. Je vous ferai connaître dans un autre temps ces vieilles constellations et celles qu'on leur a ajoutées de nos jours. Elles ne feraient maintenant que surcharger votre mémoire et y jeter de l'embarras.

Quelques-unes des principales étoiles ont des noms particuliers, comme Sirius, Arcturus, Aldébaran, etc. Il y en a aussi d'autres qu'on n'a pas fait entrer dans les constellations, et qu'on appelle étoiles informes.

Outre les étoiles qu'on aperçoit à la simple vue, il y a un espace très remarquable dans les cieux connu sous le nom de voie lactée. C'est cette large bande d'une couleur blanchâtre qui paraît se dérouler autour du firmament comme une ceinture : elle est formée d'un nombre infini de petites étoiles trop éloignées de nous pour être vues séparément, mais dont la lumière réunie fait distinguer cette partie des cieux qu'elles traversent.

Les places des étoiles fixes, leur situation relative et leur nombre, ont occupé de tout temps les observateurs qui ont dressé des catalogues. Le premier, qui date de cent vingt ans avant Jésus-Christ, est de mille vingt-deux étoiles. Ce catalogue a été souvent augmenté et rectifié par d'habiles astronomes, qui ont porté le nombre des étoiles au-delà de trois mille, en y comprenant celles que le télescope, ignoré des anciens, nous a fait connaître, et que l'on désigne sous le nom d'étoiles de la septième grandeur.

Les observateurs les plus attentifs peuvent à peine compter quatorze cents étoiles visibles à l'œil. Cependant on serait tenté, dans une belle nuit, de les croire innombrables au premier aspect. C'est une illusion de notre vue qui naît de leur vive scintillation, et de ce que nous les regardons confusément, sans les réduire en aucun ordre. Lorsqu'on les parcourt d'un regard, l'impression des unes subsiste encore au moment où l'on va chercher les autres, et nous les répète. Un bon télescope rectifie les erreurs de notre vue. C'est alors que le spectacle des astres devient plus riche et plus vrai. On les voit, dans une multitude infinie, se répandre de tous côtés dans l'immense étendue des cieux. Telle étoile qu'on croyait simple et

unique paraît double, et laisse observer, entre
es deux qui la composent sensiblement, un
ntervalle que la distance ne permettrait pas à
nos yeux de voir sans ce secours. On en a
observé soixante-dix-huit dans la constellation
des Pléiades, où la vue n'est pas capable d'en
distinguer plus de six ou sept. Je n'ose vous
dire quel nombre un observateur affirme en
avoir vu dans celle d'Orion.

Les changements qui arrivent dans les corps
célestes, quelque insensibles qu'ils soient pour
nous à cause de la distance infinie qui nous en
sépare, doivent causer dans leurs sphères des
révolutions prodigieuses. Chaque siècle semble
en amener de nouvelles. Il est des étoiles dont
la lumière, après s'être affaiblie par degrés,
s'éteint presque absolument pour briller ensuite d'un plus vif éclat; d'autres qui s'évanouis-
sent pendant quelques mois, et reparaissent
avec une augmentation ou une diminution
sensible de grandeur. Un géomètre et un astronome célèbres (messieurs d'Alembert et de Lalande), ont formé là-dessus des conjectures
très ingénieuses pour en appuyer l'opinion générale des philosophes sur l'existence de quelques planètes autour de ces astres, et attribuer
ces changements à leur action. Je vous les ferai
connaître un jour, ainsi que l'opinion de M. de
Maupertuis à ce sujet.

FIN.

TABLE.

FIN DE LA TABLE.

Limoges. — Imp. Eugène Ardant et Cⁱᵉ.